100일 완성
초등 영어 습관의 기적

100일 완성
초등 영어 습관의 기적

초판 1쇄 발행 2021년 8월 16일
초판 6쇄 발행 2021년 8월 25일

지은이   이은경
펴낸이   이경희

펴낸곳   빅피시
출판등록 2021년 4월 6일 제2021-000115호
주소   서울시 마포구 월드컵북로 400, 서울산업진흥원 5층 16호
이메일   bigfish@thebigfish.kr

ⓒ 이은경, 2021
값   13,800원
ISBN   979-11-91825-05-3 13590

100일 완성

이은경 지음

초등교육전문가
이은경의
1일 1페이지
영어 공부법

초등 영어 습관의 기적

빅피시
BiG FISH

INTRO

100일의 영어 습관 만들기를
시작하는 엄마들에게

정말 중요한 공부는
습관이 되게 해주세요

안녕하세요, 반갑습니다. 이은경입니다.

초등 영어라는 과제 앞에서 매일의 영어 습관이 얼마나 중요한지를 설명해드렸던 저의 지난 책《초등 완성 매일 영어책 읽기 습관》을 통해 그 중요성을 충분히 확인하셨으리라 믿습니다. 학원에 다니던 엄마표든 대한민국에서 입시로서의 영어를 공부하는 초등학생이라면 누구나 영어를 되도록 매일 듣고 읽어야 합니다. 하루빨리 시작하고 지속해야 합니다. 그것이 학습으로서의 영어를 대비하는 가장 효율적이고 확실한 방법입니다.

중요한 건 실천이에요.

책을 읽고 난 후, 그간 얼마나 어떻게 아이들과 하나씩 실천하고 계신지 궁금합니다. 열심히 해봐야지 했던 마음이 얼마 못 가 흐지부지되어버리진 않았을까, 내심 걱정도 했습니다. 너무도 외로운 길이고 언제든 쉽게 관두기 쉬운 길이라는 걸 누구보다 잘 아니까요. 컴컴한 터널에 혼자 서서 외롭고 막막해 포기할까 싶다가 또 마음먹어보다가를 반복하던 제 지난날이 떠올라, 같은 시간을 겪고 계실 분들이 자꾸 밟혔습니다. 다시 힘낼 수 있도록 도와드리고 싶습니다. 경쟁이 보통이 되어버린 시대에 초등 아이를 소신껏 공부시키는 일은 너무 많이 외롭고 힘든 일이거든요.

매일의 영어 습관은 영어의 시작이자 입시의 핵심입니다. 언어는 재능이 아니라 습관입니다. 어떤 천재도 꾸준함 없이 외국어를 습득할 수 없고, 아무리 평범한 사람도 매일의 꾸준한 습관만 있다면 완성할 수 있습니다. 어떤 족집게 수업을 들어도 반복하고 지속하지 않으면 효과를 보기 어렵고, 학원 한 번 가본 적 없는 아이도 일정 시간 이상의 노출이 있었다면 반드시 잘하고 마는 것이 초등 영어입니다.

그래서 초등에서 단단하게 만들어진 영어 습관은 학습으로서의 영어를 시작하여 10년이 넘는 시간 동안 영어를 공부하게 될 초등 아이에게 줄 수 있는 최고의 선물입니다.

반드시 기억해야 할 사실은 입력한 만큼 출력된다는 거예요. 매일의 듣기와 읽기를 탑처럼 차곡차곡 쌓아가면 거짓말처럼 영어책을 이해하며 읽고 영어로 하는 말을 알아듣고 영어로 말하고 쓰는 날이 오게 되어 있답니다.

아이 혼자 시작할 수 없기에 처음 습관은 부모님과 함께입니다. 습관을 만드는 초기에 엄마 아빠가 아이의 옆을 지켜준다면 성공 가능성은 확연히 높아집니다. 그래서 이 책은 이제 막 영어 습관을 만들어가는 아이를 돕고 싶은 엄마, 아빠를 위해 썼습니다. 영어책 읽기의 단계로 말하자면 1단계와 2단계 즉, 그림책, 리더스북, 쉬운 챕터북을 읽는 단계에 있는 친구들이죠.

우선 아이와 딱 100일만 꾸준히 가보자고요. 너무 거창하게 생각하고 잘하려고 힘을 주면 얼마 못 가 지쳐요. 가볍고 경쾌하게 지금부터 시작합니다. 영어 습관의 중요성을 알고는 있지만 꾸준하기 어려워 번번이 실패했을 대한민국 초등 엄마들과 으쌰으쌰 달려보자고요. 지치는 순간에 서로 손 내밀어주며 꾹 참고 달리고, 넘어졌을 때 포기하지 않고 툴툴 털고 일어나려면 함께 달릴 친구가 필요합니다. 이 책과 제가 그 친구가 되어줄 거고요, 함께 도전하는 많은 엄마가 대한민국 구석구석에서 바로 지금, 서로를 응원하고 있어요.

100일의
영어 습관 만들기를 시작하는
엄마들에게

매일 영어 습관
왜 필요한가요?

초등에서 영어를 매일 듣고 읽는 게 정말 그렇게 중요한 거냐고 제게 물으신다면 망설임 없이 "네!"라고 큰 소리로 답할 거예요. 물론, 이유가 있습니다.

매일 듣고 읽는 것의 중요성

우리는 매일 한국어로 대화를 나누고요, 한글을 읽고 씁니다. 한국어와 한글은 특별히 노력하지 않아도 지금의 우리처럼 한국에서 한국 사람들과 함께 생활하기만 하면 조금씩 저절로 이해하게 되고 더 잘하게 되지요. 미국에서 나고 자랐다면 영어를 그렇게 하고 있었을 거고요. 언어는 다분히 그런 것입니다. 얼마나 꾸준하게 노출해왔느냐에 따라 그 실력은 정확하게 비례해요.

자연스럽게 늘게 되는 한국어의 원리를 영어에 똑같이 적용할수록 실력은 빠르게 늘게 됩니다. 이제 막 한국어를 종알대기 시작한 한국 아이가 한국어 실력을 높이기 위해 매일 50개씩의 새로운 단어를 반복해서 쓰며 달달 외우지 않잖아요. 한글로 된 그림책을 읽어주고, 한국어로 나오는 텔레비전을 보고, 한국어로 가족들과 대화합니다. 그 원리를 영어에 적용하는 거죠. 아이가 한국어 환경에서 한국어 실력을 높여가듯 영어도 매일 조금씩 꾸준히 노출하면서 듣고 읽은 영어의 의미를 점점 더 정확하게 이해하도록 만드는 과정이에요. 이렇게 영어를 매일의 습관으로 만들고, 편안한 친구로 삼아버리면 이후의 영어 실력은 탄력을 받게 됩니다.

영어라는 새로운 언어, 한 번도 가본 적 없는 미국 사람들이 쓰는 언어가 한국어만큼이나 익숙해지기 위해서는 낯선 소리에 적응하는 시간(듣기 노출)이 충분히 필요하고요, 들리는 소리와 보이는 글자를 연결하는 노력(읽기 노출)이 필요해요. 더 나아가서는 그 글자를 더듬더듬 소리 내어 읽다가 차츰 깊이 있게 정독하며 의미를 파악하는 힘을 기르게 되지요. 그래서 영어책 읽기와 영어 영상 시청은 짝꿍인 거예요.

눈에 보이는 성취감의 기적

매일 영어 습관을 쌓아가는 일은 먼지 같아요. 먼지는 잘 안 보이죠. 당장 눈에 보이지 않지만 제법 오랫동안 닦지 않고 그대로 두면 한눈에 보일 만큼 소복하게 쌓여 있을 거예요. 영어 공부가 딱 그렇습니다. 영어책을 읽고 있는 아이의 실력은 분명히 늘고 있는데도 느는 게 눈에 보이지 않아요. 아이는 지루하고 엄마는 불안합니다. 얼마 가지 않아 그만두고 마는 이유입니다.

그래서 눈에 보일 방법을 찾아냈습니다. 아이가 매일 공부한 내용과 시간과 실력이 쌓이고 있다는 걸 눈으로 직접 확인하게 해줘야 합니다. 작은 성취감을 자주 느끼고 작은 성공을 자주 경험하게 해주어야 합니다. 그 기분을 잊을 수 없어 또 도전하도록 돕는 것이 부모의 역할입니다.

얼핏 별것 아닌 것 같지만, 매일 읽은 책, 보고 들은 오디오와 비디오, 매일 한 문장, 한 단어씩 적으며 눈으로 확인하다 보면 이 정도는 매일 꾸준히 해낼 수 있겠다는 자신감이 붙고요, 멈추지만 않으면 실력은 자연스럽게 따라옵니다.

방법은 간단해요. 매일 들었고, 읽었다는 사실을 기록하는 거죠. 영어 영상의 제목과 영어책의 제목을 쓰면 되는 거예요. 그리고 더 해보고 싶다면 영상과 책에서 발견한 문장과 단어를 써보면 되고요. '듣기'와 '읽기'라는 보이지 않는 공부를 '말하기'와 '쓰기'라는 또렷한 기록으로 만드는 거예요. 이렇게 묵묵히 매일의 습관을 기록하는 100일 프로젝트에 도전해보세요. 엄마도 아이도 모르는 사이에 실력은 분명히 성장해 있을 거예요.

2 제대로 재미있는 책과 영상을 골라주세요

매일 영어 습관을 기를 때 가장 중요한 것이 바로 재밌는 책과 영상 찾기를 멈춰선 안 된다는 거죠. 아이의 성향이나 단계 등에 따라 어떤 책이나 영상이 내 아이의 취향을 저격할지는 알 수가 없어요. 늘 아이에게 관심을 두고, 아이의 관심과 연결되고 흥미를 끌 수 있는 책과 영상을 찾아 나서야 하죠.

습관을 만들기 위해 노력하다 보면 어느 순간, 모든 게 멈춘 것처럼 느껴질 때가 올 수 있어요. 정체기는 누구에게나 닥칩니다. 엄마와 아이가 부족하거나 의지가 약해서가 아니고요, 열심히 했기 때문에 생기는 당연한 일이에요. 그러니 당황하거나 불안해하지 마세요.

곧잘 하는 듯싶던 아이가 지겨워하고 힘들어할 땐 새로운 책과 영상의 도움이 필요해요. 아이가 좋아할 만한 책과 영상을 찾아내는 방법을 소개해드릴게요. 저도 도울게요. 책 뒤편의 부록으로 영어 영상(※부록1. 162쪽)과 영어 그림책(※부록2. 167쪽) 추천 목록을 담아두었습니다.

서점, 도서관 활용하기

책을 고를 때는 무조건 '견물생심'입니다. 아직 영어책 읽기에는 도통 관심 없는 아이에게 엄마가 골라온 책부터 들이밀고 읽으라고 하면 마음만 상합니다. 서점이나 도서관처럼 책이 있는 공간에 자주 머무르며 편안하게 느끼도록 유도하면서 그 공간에 있는 책에도 눈길을 주게 해주세요. 자꾸 보다 보면 갖고 싶은 책이 생긴답니다.

영어책 구입을 염두에 둔다면 웬디북 사이트는 정말 최고예요.

아이와 나란히 앉아 사이트에 올라온 영어책들을 슬렁슬렁 살펴보세요. 표지든 내용이든 디자인이든 아이 마음에 드는 책을 한 권은 찾을 수 있거든요.

영어책을 들일 때는 되도록 한꺼번에 많이 사지 마세요. 아이가 관심을 보이는 책 한 권, 제대로 재미있는 한 권의 힘으로 다음 단계로 오를 힘이 생겨요. 한 권만 구입하거나 대출하여 읽어보고 마음에 들면 세트로 들여도 늦지 않습니다.

좋다더라는 말만 듣고 덜컥 전집을 들여놓고는 1권부터 순서대로 읽으라고 강요하지 마세요. 아이는 책 읽는 로봇이 아니에요. 한글책도 재미없으면 읽기 싫은데 영어책은 더욱 그렇습니다. 책의 내용이 궁금하지 않은데 그 책을 읽으면서 실력이 오르기를 기대하지 마세요.

**웬디북
바로 가기**

추천 영상 활용하기

아이가 재미있어했던 영상을 유튜브나 넷플릭스에서 보고 나면 그 영상을 봤던 시청자들이 함께 본 추천 영상이 보일 거예요. 뭔지 잘 모르면 아이와 앉아 추천 영상들을 하나씩 눌러보세요. 아이가 관심을 보이지 않는다면 아무리 유명하고 유익하다는 영상도 그냥 꺼버리세요. 재미있어 보이고 내용이 궁금해도 볼까 말까 한 게 영어 영상이거든요.

재미있어하는 영상을 만나면 몇 번이고 반복해도 괜찮습니다. 한 번만 보고 다시는 안 보려는 아이라면 새로운 추천 영상들을 다양하게 보게 해도 큰 문제가 없고요.

만화 영화처럼 스토리가 전개되는 영상도 좋고요, 요즘 들어 다양하게 등장하고 있는 영어권 어린이를 대상으로 하는 미술, 여행, 요리 등의 프로그램도 노출용 영상으로 괜찮습니다.(※164쪽 참조) 또래 어린이들이 나와 다양한 활동을 하는 모습이 감각적인 영상으로 편집되어 있어 눈을 떼지 못하게 한답니다. 추천!

3 영어 독서로 실력을
쌓는다는 것의 의미

'초등 아이가 영어책을 읽으며 영어 실력을 쌓아간다'라는 의미는요,

① 알파벳이라는 글자가 내는 소리를 알아 책 속 문장을
    소리 내어 읽을 줄 아는 것
② 영어책에 나오는 단어, 문장의 의미를 이해하는 것

이 두 가지가 가능하다는 거예요.

읽기와 이해하기의 균형 잡아가기

①을 확인하려면 아이에게 소리 내어 읽어보게 하면 되고요, ②를 확인하려면 책 내용을 대략 설명해보게 하면 됩니다. (하지만 매일, 모든 책의 내용을 확인하지 마세요. 애 힘들어요.)

시켜봤더니 그 수준이 완벽해야 하냐고요? 전혀 그렇지 않습니다. 안심하세요. ①이 부족하여 엉망이고 어색한 발음으로 더듬더듬 읽어도 영어책을 읽고 있는 게 맞고요, ①과 ②가 모두 가능하긴 하지만 책 내용을 정확하고 완벽하고 자세하게 몰라도 영어 독서가 시작된 것 맞습니다.

①은 가능한데 ②는 힘들어한다면 조금 더 쉬운 수준의 책이 필요합니다. 반면에 ②는 가능한데 여전히 ①을 힘들어한다면 시원하게 파닉스 먼저 떼어버리고 자신감을 장착한 후에 천천히 ②를 시도해도 괜찮아요.

사이트 워드(Sight Word)를 미리 알아두는 것도 도움이 됩니다. 사이트 워드란 이제 막 알파벳을 음가대로 더듬거리며 읽기 시작한 수준의 아이가 알아두면 좋을 만한, 사용 빈도가 높은 대표적인

영어 단어들을 추려놓은 것을 말해요. 이제 막 영어 읽기에 관심을 보이기 시작한 수준의 아이가 사이트 워드를 익혀두면 영어 영상을 보고, 영어책을 읽고, 영어로 말하거나 글을 쓸 때 훨씬 수월하게 느껴질 거예요.

이 책의 뒤에 부록으로 꼭 알아야 할 초등 사이트 워드(※부록3. 173쪽)를 담아두었어요. 아이가 수시로 펼쳐 보며 읽는 연습을 하도록 해주세요. 처음에는 읽는 연습만, 읽는 것이 익숙해지면 단어의 의미를 암기하는 것까지 도전하면 더욱 좋습니다. 아이가 자주 오가는 곳에 붙여두면 힘들게 외우지 않아도 어느 사이 아이의 뇌에 콕콕 박히기도 한답니다.

물론, ①이 되지 않는 아이가 ②는 대략 가능한 상태라면 ①이 될 때까지 천천히 기다려주면서 ②를 먼저 가보는 것도 방법입니다. ①과 ②가 편안해질 때까지 약한 부분은 기다려주고, 되는 부분은 칭찬해주며 매일의 꾸준함을 이어가다 보면 ①과 ②는 자연스레 균형을 잡아가게 됩니다.

이렇게 어설픈 수준으로 영어책 읽기를 지속하는 것이 과연 영어 실력을 높여가는 데에 도움이 되긴 할까, 불안한 마음이 든다면 아이가 한글을 떼고 한글로 된 책을 처음 읽기 시작하던 시절을 떠올려보세요. 배 속에 있는 아이, 태어난 지 백일도 안 된 아이, 말귀도 못 알아듣는 아이, 글자를 하나도 읽을 줄 모르는 아이에게 매일 그림책을 읽어주던 시절 말이에요.

영어책 읽기를 시작한 아이 믿어주기

영어책 읽기도 그 과정이 완벽하게 일치합니다. 내용을 완전하게 이해하지 못해도 괜찮아요. 아이에게 필요한 건 완벽한 해석이 아니라 대략적인 내용을 이해하면서 꾸준히 읽는 습관이거든요. 계속 읽다 보면 더 분명하게 이해됩니다. 단어를 달달 외우고, 문법을 공부하는 것보다 빠른 길은 반복해서 읽으며 그 뜻을 짐작해보는 한글 독서의 과정을 영어에도 똑같이 적용하는 거예요.

아이에게 영어책은 영어로 표현된 하나의 이야기예요. 이해하지 못해 답답한 건 당연합니다. 그 과정이 눈처럼 소복하게 쌓이는 시간의 힘을 빌어 사과 그림이 나오는 장면에서 apple이라는 단어를 알게 되고, 곰들이 뒹구는 장면을 수없이 반복해 보며 bear라는 단어를 갖게 됩니다. 이렇게 책을 통해 자연스럽게 알게 된 단어들은 여간해 잊히지도 않습니다. 저학년 때부터 무리하게 억지로 단어를 외울 필요가 없는 이유이기도 합니다.

몰랐던 단어를 하나씩 알아가면서 그 단어가 속한 문장의 의미를 추측하게 되고요, (그 추측은 맞기도 하고 틀리기도 합니다만 맞고 틀리고는 큰 상관이 없습니다. 타율은 점점 높아지거든요.) 이해할 수 있는 문장의 개수가 늘어가면서 문단 전체, 책 한쪽, 책 한 권의 내용이 이해되기 시작합니다. 아이가 궁금해한다면 문장의 의미를 설명해줘도 되지만, 군이 궁금해하지 않는 아이에게 한 문장씩 일일이 해석해주거나 해석해보라고 시킬 필요가 없는 이유입니다.

한마디로 정리하자면 명쾌합니다. 영어책을 읽기 시작한 아이를 편안하게 내버려두세요. 더 큰 소리로 읽으라고, 더 정확한 발음으로 읽으라고, 더 집중해서 읽으라고, 책의 내용을 설명하라고, 책에 나온 모르는 단어를 외우라고 강요하지 마세요. 그것들보다 훨씬 더 복잡하고 굉장한 일이 영어책 읽기를 시작한 아이에게 일어나고 있음을 믿으세요. (눈에 보이지 않으니 믿기 어렵겠지만 말이죠.)

4 매일 영어책 읽어주기 이렇게 시도하세요

시작은 영어 그림책 읽어주기예요. 내용을 전혀 이해하지 못하는 영어 그림책을 마치 한글 동화책 읽어주던 느낌으로 읽어주는 것이 시작이에요. 아무리 쉬운 책이라도 그걸 읽어주면 아이가 단박에 그 내용을 이해할 거라는 기대는 무의미해요. 꾸준히 읽어주다 보면 애쓰지 않아도 아이는 차츰 그 의미를 이해하게 되거든요. (아, 발음은 신경 쓰지 마세요. 구수한 한국식 영어 발음도 매우 좋습니다.)

소리 내어 읽어주는 것은 한글과 영어 모두를 익히는 데 유익한 방법이에요. 한글책을 혼자 잘 읽게 되더라도 읽어주는 것이 국어 문해력에 도움이 되는 것처럼 영어책도 마찬가지예요. 하지만 현실적으로 아이 옆에 다정하게 붙어 앉아 고운 목소리로 매일같이 영어책을 읽어주는 건 몹시 어려운 일이에요.

그래서 우리에겐 음원과 세이펜이 있습니다. 엄마 혼자 다 하려 하지 말고, 바빠서 하지 못하는 아빠를 원망하지 말고 음원과 세이펜을 적극 활용하세요. 바쁜 평일에는 이들의 도움을 받고, 주말에 하루 정도만 시간을 내어 엄마나 아빠가 직접 읽어주는 방법도 지치지 않고 꾸준히 가는 전략이랍니다.

영어책 읽기 독립 7단계

영어책 읽어주기는 다음의 5단계로 이어가되, 시작부터 매일 5단계를 반복하면 반드시 실패합니다. 처음 한 달은 1단계만, 다음 달부터는 2단계를 더하고, 그 다음 달에는 3단계를 더하면 됩니다. 생각보다 자주 하지 못했다면 두 달에 한 단계씩 높여가도 되고요, 시간의 여유가 있으며 아이도 곧잘 따라온다면 매주 한 단계씩 더 해도 됩니다.

엄마와 함께
영어책 읽기 5단계

스스로
영어책 읽기 2단계

1단계

읽어주기 (음원 틀어주기)

책 속 그림 살피기,
책장 넘기기

6단계

듣지 않고 스스로
소리 내어 읽기 (음독)

2단계

읽어주기 (음원 틀어주기)

손가락으로 짚으며
눈으로 따라 읽기

7단계

듣지 않고
속으로 읽기 (묵독)

3단계

읽어주기 (음원 틀어주기)

손가락으로 짚으며 한 문장씩
소리 내어 따라 읽기

4단계

읽어주기 (음원 틀어주기)

듣는 속도에 맞춰
소리 내어 읽기 (음독)

5단계

읽어주기 (음원 틀어주기)

들으며
속으로 읽기 (묵독)

아이의 영어 읽기 독립 과정은 모두 7단계로 생각하세요. 그중 처음 5단계까지는 엄마가 함께해주세요. 대단한 건 아니고요, 영어책을 읽어주거나 음원을 틀어주는 거예요. 자연스럽게 듣는 독서, 읽는 독서를 유도하는 거고요, 책을 낭독하는 말하기까지 염두에 둔 활동입니다.

이렇게 책의 내용을 듣게 된 아이가 단계별로 다른 활동을 해가면서 6, 7단계에서의 읽기 독립이 가능하도록 유도하는 거예요.

1~5단계는 순서대로 가도 좋고요, 아이가 유난히 즐겨하고 재미있어하는 단계가 있다면 그 단계에서 한참 머물거나 반복해도 됩니다. 또 1~5단계를 매일 한 가지씩 번갈아가며 해도 좋고요.

아이의 속도에 맞춰주세요. 바쁜 아빠, 엄마의 속도도 존중해주세요. 남들이 가는 속도 말고, 가고 싶었던 속도 말고, 아이의 수준과 아빠, 엄마의 시간 여유를 고려하여 현실적이고 지속 가능한 속도와 느낌을 찾을 때까지 여유롭게 가세요. 이렇듯 별것 없어 보이는 단계를 반복하다 보면 기적이 찾아옵니다. 음원만 준비해주면 이 모든 단계를 아이 혼자 매일 반복하는 기적과 같은 예쁜 모습을 보게 될 거예요.

말도 못하게 고단한 과정인 것 잘 알아요. 하지만 떠올려보세요. 우리는 아무리 고단해도 신생아에게 두 시간에 한 번씩 젖을 물리고 기저귀를 갈아주며 일 년을 버티어냈던 사람들입니다. 그때보다 백배는 할 만한 일입니다. 돌쟁이 아가 키워봤던 엄마라면 누구나 할 수 있는 일입니다. 꼭 필요한 일입니다. 힘들어도 해야 하는 일입니다.

5 매일 영어 영상 보기 이렇게 시도하세요

매일 영어 영상의 시작은 뽀로로예요. 뽀로로를 봐야 한다는 게 아니고요, 이렇게까지 쉽고 유치한 걸 봐도 되나 싶을 정도여야 한다는 거예요. 뽀로로를 강요하지 마세요. 아이가 좋아하는 영상이면 뭐든 좋습니다. 책 뒤 부록으로 제공된 초등학생을 위한 영어 영상 목록(※162쪽 참조)을 참고해도 좋고요, 아이가 재미있다고 하면 다른 어떤 것도 괜찮습니다. 유튜브와 넷플릭스를 적극적으로 활용하세요.

아이의 취향에 맞는 영상 찾기

취향에 맞는 영상을 찾을 때까지 이것저것 눌러보며 탐색할 시간을 충분히 주세요. 진득하니 영상을 보면서 듣기 연습을 하면 좋겠는데 켰다가 껐다가 하며 시간만 보내면 엄마는 속이 탑니다.

주말을 활용하세요. 여유롭게 둘러보며 재미있는 영상을 건져두면 평일에 덜 바쁩니다. 아무리 바빠도 미리 골라놓은 영상 중 하나를 틀어 10분 정도 보는 건 어떤 아이도 할 수 있습니다. 건져놓은 영상 목록을 메모해두거나 이번 주에 볼 영상을 계획표에 포함해두는 것도 시간을 효율적으로 활용하는 방법입니다.

영어 영상을 볼 때는 다음의 두 가지 세트의 방법으로 시작하면 됩니다. 아이에게 다짜고짜 자막도 더빙도 없는 영어 영상을 들이밀고 꼼짝 말고 앉아서 끝까지 재미있게 보라고 하는 건 고문입니다. 아직 자막도 더빙도 아닌 영어로만 나오는 영상을 보는 것이 낯설고 거부감이 드는 아이에게는 이 방법을 하나씩 시도해보세요. 두 가지 중 아이가 선호하는 방법으로 한동안 유지하면서 목표에 조금씩 다가가면 됩니다. 우리의 목표는 자막도 더빙도 없는 영어 영상을 보면서 아이가 히죽거리는 순간입니다.

▶

초보자를 위한
영어 영상 보는 법

	처음	두 번째
세트1	한글 자막 넣기	한글 자막 빼기
	한글 자막 빼기	한글 자막 넣기
세트2	더빙판	영어판
	영어판	더빙판

위의 방법으로 영어 영상 적응을 마치면 서서히 자막을 빼고 더빙을 멈출 거예요. 오롯이 영어로 말하는 대사들을 들으면서 장면과 상황에 비추어보아 대략 어떤 의미인지 추측해가는 과정이 영어 영상 보는 것의 목적이기 때문입니다.

학년이 올라가면서 영어책을 곧잘 읽게 되면 영어 자막을 넣어주는 경우가 있는데요, 빼세요. 영어 영상을 보는 목적은 '듣기'입니다. 영어 자막이 들어가면 듣기보다 읽기에 의존하게 되어 듣기 영역의 효과가 떨어집니다. 듣기도 하고 읽기도 하면 공부 효과가 두 배일 것 같은데, 아쉽게도 그렇지는 않습니다. 읽기 실력을 위한 문장은 책으로 충분합니다. 듣기에 집중하세요.

영어 영상 보기에서 가장 중요하게 챙겨야 할 부분은 아이의 취향을 존중해주는 일입니다. 한글 더빙판으로 보고 싶고, 한글 자막 켜놓고 보고 싶은데 엄마가 이렇게 보라고 하니까 꾹 참고 보는 거예요. 그러니까 남들이 좋다는 영상 말고, 다른 집 애들이 본다는 유명한 영상 말고 아이가 재미있다는 거 실컷 보게 해주세요. 반복하고 싶은 만큼 반복해도 되고, 한번 보고 별로면 두 번 다시 안 봐도 됩니다.

아이가 자기 수준에 비해 어려워 보이는 성인을 위한 게임 영상에 관심을 보인다면 '보고 싶은 영상 1편 + 수준에 맞는 쉬운 영상 1편' 조합도 괜찮습니다. 절대 안 되거나, 반드시 해야 하는 과제는 적어도 영어 영상 보기에는 없습니다.

6 매일 한 문장, 한 단어로 영어 글쓰기를 시작해요

영어책 읽기도 제대로 안 되는데 글쓰기가 되겠냐고요? 당연히 안 되죠. 하지만 너무 거창하게 시작하려고 미루고 미룰 필요도 없는 게 영어 글쓰기예요. 생각해보세요. 한글 글쓰기도 어느 날 갑자기 이뤄지지 않았어요. 처음엔 기역, 니은 쓰다가, 내 이름을 쓰다가, 단어를 쓰다가, 어법에도 맞지 않는 괴상한 문장을 쓰더니 결국 일기도 쓰고 독서록도 쓰잖아요.

영어 글쓰기도 고학년이 되어, 특별한 시간을 내어, 유명한 학원의 도움을 받아 해결해야겠다고 생각하면 마음만 무겁습니다. 어차피 이렇게 매일 영어 습관을 만들어갈 때 슬쩍 끼워 넣어봅시다.

베껴 쓰기로 기초 체력 기르기

이 책에는 오늘 본 영상과 읽은 책에서 발견한 문장과 단어를 쓰는 공간이 마련되어 있습니다. 처음에 영어를 쓰는 친구들은 글자가 삐뚤빼뚤 크기도 제각각, 칸이나 줄에 맞춰 쓰기가 쉽지 않지요. 괜찮아요. 그림처럼 그려도 되고요, 철자 쓰는 법이 틀릴 수도 있지요.

아이가 선택한 문장과 단어는 길든 짧든, 매일 같은 것이든 다른 것이든, 글씨를 예쁘게 쓰든 지렁이처럼 쓰든 지적하지 마세요. 그 문장을 고른 이유가 있을 것이고요, 반복하는 것과 새로운 것 모두 각각의 의미로 유익합니다. 영어라는 꼬부랑 글자를 따라 쓰는데 글씨체까지 반듯한 건 지극히 비정상 아닌가요?

지금 아이에게 보이는 소소한 부족함보다는 큰 목표에 집중하세요. 이런 식의 자칫 큰 의미 없어 보이는 베껴 쓰기를 시도하는 이유는 매일 겨우 5분의 힘으로 훗날 영어 에세이와 영어 논술을 술술 적어낼 기초 체력을 키우는 것입니다. 단순히 옮겨 적는 과정에서 영어 글쓰기의 경험이 시작되고 베껴 쓰던 아이가 자신만의 문장을 만들게 됩니다. 영어 글쓰기, 생각보다 별거 아니에요.

처음에는 엄마가 함께해주기

아직 영어책 읽기 습관이 완전히 잡히지 않은 저학년이거나 영어 글쓰기의 시간이 너무 오래 걸린다면 엄마가 도와주세요. 아이가 고른 문장을 엄마가 대신 써주거나, 엄마와 힘을 모아 함께 쓰거나, 엄마와 하루씩 번갈아 쓰거나, 엄마와 한 단어씩 맡아 쓸 수 있거든요.

아이가 혼자 할 수 있을 때까지 흔쾌히 대신해주고 함께해주다 보면 언젠가는 혼자 합니다. 매일 떠먹여줘야 간신히 입 벌리고 먹던 아이가 당연하다는 듯 혼자 퍼 먹는 지금의 모습을 계속해 떠올리세요.

매일 그렇게 옮겨 적은 경험이 쌓이면 일주일에 한 번씩은 영어 글쓰기에 도전할 수 있어요. 일주일에 한 번씩 제공되는 열다섯 번의 영어 글쓰기 도전 코너를 활용해보세요. 물론, 아이가 부담스러워하면 지금 당장 하지 않아도 괜찮습니다. 듣기와 읽기를 꾸준히 하는 것만도 고마운 일인걸요.

7

일주일에 하루는 영어 글쓰기 도전!

이 책에서는 영어 글쓰기를 처음 시작하는 친구들을 위해 일주일에 한 번씩 시도해볼 수 있는 재미있는 방법들을 소개하고 있어요. 이 방법을 통해 영어 글쓰기를 시작했고, 지속하고 있으며, 꾸준히 발전하고 있다는 아이들이 상당히 많답니다. (유튜브 채널 '매생이 클럽' 참고하세요!) 아이들은 새로운 활동을 참 반기지요. 매일 하면 힘들지만 재미있는 방법을 찾아서 슬쩍 밀어 넣어 보면 의외로 즐거워하는 모습을 볼 수 있어요. 그렇게 일상에서 조금씩 영어 글쓰기에 익숙해지는 방법으로 이 부분을 활용해보세요.

매생이 클럽 바로 가기

영어책 읽기가 충분해지면 그때 시작해도 늦지 않아요. 영어를 읽은 과정은 결국 영어로 쓸 수 있게 만들어주는 수단이기도 했던 거예요. 이제 갓 읽기 시작한 아이에게 쓰기를 강요할 수는 없지만, 언젠가 쓰게 될 아이를 위해서 읽기에서 쓰기로 확장하는 방법을 미리 알아두세요. 아직 제대로 읽지도 못하는데 쓰기가 가능할까, 싶지만 충분히 읽은 아이들은 생각보다 훨씬 빠르게 쓰기를 시작하게 됩니다. 한글 읽기 독립이 된 아이가 조금만 지도해주면 일기를 쓰기 시작하는 것과 같은 원리이지요.

영어 글쓰기를 위해서는 세 가지의 준비가 필요합니다.

한글 글쓰기를 하고 있다

영어 글쓰기의 바탕은 모국어 글쓰기입니다. 글쓰기는 생각을 표현하는 방식이기 때문이에요. 내 생각을 내 언어로 표현해본 경험을 바탕으로 외국어로도 표현할 수 있게 됩니다. 한글로 일기, 독서록, 자유 글쓰기, 논술 등 뭐든 써본 경험이 있어야 영어로도 쓸 수 있습니다. 아무리 급해도 영어부터 강요하지 마세요. 얼핏 보면 돌아가는 것 같은데 직진하는 길입니다. 한글 글쓰기를 시작한 아이라면 일주일에 한 번 또는 한달에 한 번 정도로 서서히 영어 글쓰기를 시도하면 됩니다.

뜻을 이해하고 재미있게 읽는 영어책이 있다

시작하기 두려운 아이에게는 영어책을 그대로 베껴 쓰는 영어책 필사의 과정도 도움이 되는데, 이때에도 필요한 것이 쉬우면서도 재미있는 영어책 한 권이랍니다. 그 책을 반복해서 보다가 눈에 익은 문장이 생기면 그 문장과 똑같이, 혹은 비슷하게 뭐라도 쓸 수 있게 되지요. 좋아하는 책 한 권을 소리 내어 읽고 그 뜻을 이해할 수 있다면 써볼 수 있을 거예요.

엉망으로 써도 실망하지 않을 자신이 있다

시작이 반이에요. 시작한 아이를 더 격려하고 응원하여 매일 쓰게 만들어야 제대로 쓰는 곳까지 갈 수 있어요. 옆집 애는 영어로 에세이를 쓴다던데 하며 비교하고 기죽여서 얻게 되는 건 무엇일까요. 지금 영어로 쓰는 수준은 아이 전체 인생으로 생각하면 먼지보다 작은 수준 차이일 뿐이에요.

욕심과 기대를 내려놓고 아이의 성취를 격려해야 발전합니다. 엉망으로 써온 공책을 들고 감동하고 칭찬을 퍼부을 준비가 되었다면 이 책의 도움으로 일주일에 한 번씩 영어 글쓰기를 시작해도 좋습니다.

8 영어 습관 만들기를 시작한
아이를 위한 칭찬 멘트 10

아이가 영어 공부를 왜 할까요? 초등 시기부터 탄탄한 영어 실력을 쌓아서 글로벌 시대의 핵심 인재가 되기 위해서일까요? 아니면 수능 영어 1등급을 받기 위해서일까요? 그것도 아니라면 영어로 수업하고 공부하는 미국의 하버드 대학에 진학하기 위해서일까요. 단언컨대 이런 아이 없습니다. 초등 시기에 이런 원대한 꿈을 품고 영어를 공부하는 아이는 전국에 다섯 명도 되지 않을 거라 확신합니다.

가끔은 아이가 영어책이나 영상의 내용을 진정으로 재미있어 한다는 생각이 들기도 하지만 부모의 착각인 경우가 많습니다. 같은 내용을 한글로 보면 훨씬 더 재미있다는 걸 아이가 왜 모르겠어요. 아이들이 훨씬 더 잘 압니다.

우리 집에 있는 이 아이는요, 엄마가 읽으라고 해서, 보라고 해서 하는 것뿐이에요. 이게 뭐에 좋은 건지, 안 하면 뭐에 불리한지 모르지만 영어 공부를 하면 엄마가 기뻐하고 칭찬해주니까 그게 좋아서 듣고 보고 읽는 겁니다.

그런 아이에게 부모는 뭘 해줘야 할까요? 다른 애들은 더 어려운 책도 술술 읽는데 넌 어째 발전이 없냐는 말로 정신을 바짝 차리게 해주고 싶겠지만 참아야 해요. 아이가 더 어려운 책과 영상으로 실력을 높여가기를 진정으로 바란다면 그럴수록 칭찬이 필요합니다.

매일 영어 습관을 만들고 있는 아이를 위한 칭찬 멘트 10가지를 알려드립니다. 돌려막기, 아시죠? 칭찬 멘트 몇 가지를 기억하고 있다가 상황에 맞게 적절히 돌려쓰는 것이 부모의 기술입니다.

자, 기술 들어갑시다!

이런 수준의 책은 ( )학년들이 보통 읽던데, 너 혹시 ( )학년이세요?

영어책을 읽는 아이에게 아이 학년보다 한두 학년 높은 학년을 들어 칭찬해주세요. 거짓말 아니에요.
그런 수준의 책을 못 읽는 어른도 허다하니까요.

내용을 정확하게 이해하기 힘들면 어때,
이 정도로 대략이라도 이해하는 거 정말 영어 잘하는 거야.

책을 읽고 영상을 볼 때 정확한 번역과 해석을 요구하지 마세요. 대략 파악하고 있다면 듣기와 읽기가 향상되고 있는 게 맞거든요.
자신감이 생기게 도와주세요.

와, 일주일 동안 꾸준히 했네? 보통은 2, 3일 정도 하다 보면 흐지부지되는데,
대단한 일을 해낸 거야. 멋지다.

첫 일주일의 습관을 완성했을 때, 다음 주의 계획을 들이밀기 전에 지난 한 주를 계획대로 잘 마쳤다는 성취감을
아이가 실감할 수 있게 해주세요. 성취감은 굳이 콕 집어 말해줘야 더 크게 느껴집니다.

영어 영상 보고 나면 엄마도 좀 가르쳐주라.
엄마는 영어를 공부한 지가 오래돼서 그런가 영상을 봐도 이해가 되지 않아.

우리는 아이를 가르치는 선생님이 아니에요. 아이가 목표한 방향대로 성장할 수 있게 돕는 사람이에요. 어느 시점이 되면
아이는 엄마의 실력을 넘어서게 됩니다. 그 시기가 온 것을 함께 기뻐하고 아이가 엄마를 넘어섰음을 우쭐해하도록 해주세요.

미국에서 태어난 아이들도 영어로 된 책을 읽기 힘들어한다던데,
한국에 사는 초등학생이 이런 책을 읽는다는 게 정말 신기하지 않아?
나는 지금 이 상황이 너무 신기하다.

말 그대로입니다. 정말 신기한 일입니다. 그런데 앞만 보고 달리다 보면 더 빨리 달리는 애들만 눈에 들어올 뿐,
아이가 미국 사람도 아닌데 영어책을 읽고 있다는 사실이 얼마나 신기한지 실감하기 어렵습니다.
신기한 일이니까 아이에게 꼭 전해주세요.

엄마, 아빠는 중학생이 되어서야 알파벳을 읽고 영어 공부를 시작했는데,
초등학생인 네가 이 정도 수준의 책을 읽고 영상을 보고 따라 쓴다는 게 정말 대견하고 멋져 보여.
이렇게 꾸준히 계속하면 몇 년 후에는 엄마 아빠보다 얼마나 더 잘 읽게 될까?

제대로 하지 못한다는 이유로, 빠르게 수준이 올라가지 않는다는 이유로 부모님께 꾸중을 들은 아이의 마음에는 원망이 쌓입니다.
부모님은 완벽할 필요도, 잘하는 척할 필요도 없습니다. 솔직히 털어놓아 아이의 마음을 여는 것이 최고의 전략입니다.

작년에 읽었던 책이랑 보던 영상이 어떤 건지 기억해? 지금 보면 너무 쉬워서 어이없을 것 같아.
그렇게 쉬운 수준을 가지고 끙끙댔었다니 말이야.
지금 이 책과 영상도 좀 어려워 보이지만 내년에 다시 보면 너무 쉬워서 웃음이 나겠지?

아이의 비교 상대는 언제나 1년 전 아이 자신입니다. 비교 자체가 잘못된 것이 아니고요,
비교 대상을 훨씬 앞서가는 또래로 잡은 것이 문제입니다.
아무리 돈을 많이 벌어도 더 버는 사람과 더 많이 가진 사람은 늘 있습니다.
그런 사람과의 비교는 우울해지는 지름길이듯 아이가 성장하길 원한다면 아이의 지난 수준과 비교하는 것이 가장 현명합니다.

학교(학원) 선생님께서 너에 대해 엄청 칭찬하시더라.
성실하게 열심히 한다고 많이 칭찬해주라고 하시니까 엄마가 얼마나 기분이 좋았는지 몰라.

부모님의 칭찬도 힘이 되지만 주변인의 칭찬을 아이에게 전해주는 것은 매우 효과적입니다.
칭찬은 전해 들으면 기쁨 두 배입니다. 누군가 지나가는 말로라도 아이를 칭찬했다면 절대 지나치지 말고
과장 살짝 섞어서 아이에게 꼭 전해주세요.

이렇게 영어책 읽고 영어로 글 쓰는 모습 보니까 우리 애기가 얼마나 많이 컸나
실감이 나고 감격스럽다. 아기 때 한글책도 못 읽어서 엄마가 매일 읽어줬던 거 기억나지?
그랬는데 이렇게 훌쩍 자라서 영어책을 읽고, 영어로 글을 쓰다니!

남들 다 읽는 영어책을 읽고 있긴 하지만 이건 기적이고 감동인 거예요. 한글도 모르던, 미국에 한 번도 가본 적 없는 아이가
영어로 된 책을 읽고, 영어로 글을 쓰고 있습니다. 새삼스럽게 기뻐하고 감동하고 감탄할 일이 맞습니다.

이 글을 네가 쓴 거라고? 너 정말 대단하다.
읽을 수는 있지만 쓰는 건 보통 일이 아닌데,
이 정도의 글을 읽고 이해할 수 있으면 영어 실력이 정말 대단한 거야.

생애 첫 영어 글쓰기를 완성하고 들고 와 자랑하며 조잘대는 아이에게는 그것에서 오는 성취감을 인식하게 도와줘야 합니다.
완벽하게 정확하게 해내지 못해도 시도하고 경험한 것으로 충분합니다.

100일의 기적
이젠 나도 영어 잘할 수 있어!

100일의 습관을 잘 만들어온 것 자체가 아이에게는 큰 기쁨이고 충분한 보상이지만 눈에 보이는 목표를 만들어두는 것도 상당히 효과적이에요. 또 아이 혼자 힘으로 100일의 습관을 이어가는 것은 불가능하기 때문에 엄마를 위한 보상도 필요하지요.

100일의 약속을 지키고 난 후, 엄마와 아이 각자 받고 싶은 선물은 어떤 것이 있는지 그 소원을 미리 적어두고 그곳을 향해 기쁘게 출발해볼까요?

엄마의 소원

아이의 소원

『100일 완성 초등 영어 습관의 기적』
똑똑한 활용법

DAY 001

1 DATE 2021. 7. 5

2 오늘의 영상 — Title: 바비 돌핀매직 — Time: 30

3 오늘의 책 — Title: Animal Tongues — Time: 15

4 한 문장만 골라볼까? — Today's Sentence:
This frog has a long, sticky tongue.

5 이 단어는 무슨 뜻일까?
Word 1: tongue — Meaning: 혀
Word 2: anteater — Meaning: 개미핥기

6 재미있었나요? — So fun! ★★★☆☆
동물의 혀가 특이해서 신기했다.

7 열심히 했나요? — Good job! ★★★★☆
영어영상을 열심히 봤다.
영어책을 재밌게 읽었다.

❶ 날짜 적기

한글식 날짜 표기 또는 영어식 날짜 표기 중 편한 방식으로 오늘의 날짜를 적어주세요. 아래의 날짜 표기법을 미리 익혀둔다면 영어식 날짜 표기도 문제없어요!

• 날짜

한글에서는 년도→월→날짜→요일 순서로 쓰고, 영어에서는 요일→월→날짜→년도 순서로 써요.

한글	2021년	9월	5일	일요일
영어	Sunday	September	5	2021

• 요일

한글에서 수요일을 '수'로 표현하고 목요일을 '목'으로 줄이는 것처럼 영어도 요일의 이름을 줄여서 표현해요. 요일은 이렇게 쓰세요.

	일요일	월요일	화요일	수요일	목요일	금요일	토요일
기본	Sunday	Monday	Tuesday	Wednesday	Thursday	Friday	Saturday
줄임	Sun.	Mon.	Tue.	Wed.	Thur.	Fri.	Sat.

• 월

한글에서는 1월, 2월처럼 숫자로 월을 표현하지만 영어로는 각각의 이름이 있어요. 이름이 길어서 줄여서 쓸 때도 많으니 두 가지 모두 알아두세요.

	1월	2월	3월	4월	5월	6월
기본	January	February	March	April	May	June
줄임	Jan.	Feb.	Mar.	Apr.	May	Jun.

	7월	8월	9월	10월	11월	12월
기본	July	August	September	October	November	December
줄임	Jul.	Aug.	Sep.	Oct.	Nov.	Dec.

❷ 오늘의 영상

• **Title**

오늘 본 영어 영상의 제목을 쓰세요.

혼자 쓰기 힘들면 부모님의 도움을 받거나 한글로 써도 괜찮아요!

여러 개의 영상을 봤다면 그중 한 가지만 골라 제목을 적어보세요.

• **Time**

영상을 몇 분 동안 보았나요? 혹은 몇 시간?

❸ 오늘의 책

• **Title**

오늘 읽은 영어책의 제목을 쓰세요.

혼자 쓰기 힘들면 부모님의 도움을 받거나 한글로 써도 괜찮아요!

여러 권의 책을 읽었다면 그중 한 가지만 골라 제목을 적어보세요.

• **Time**

책을 몇 분 동안 읽었나요? 혹은 몇 시간?

❹ 한 문장만 골라볼까?

오늘의 영상과 책에서 본 내용 중 가장 마음에 드는 한 문장을 골라 그대로 옮겨 적어주세요. 보고 써도 되고요, 가능하다면 외워서 말해본 다음 적어보는 것도 좋아요. 부모님의 도움을 받거나 한글로 써도 괜찮아요. 그리고 이 문장의 뜻이 무엇인지도 써봐요. 모르면 안 써도 되고요. 대충 예상되는 뜻을 자유롭게 써도 괜찮아요.

❺ 이 단어는 무슨 뜻일까?

오늘의 영상과 책에서 본 단어 중 마음에 드는 단어, 처음 본 단어, 기억하고 싶은 단어를 두 개만 골라 옮겨 쓰고, 어떤 뜻인지도 아래에 적어보세요. 뜻을 모르면 사전을 찾아봐도 괜찮아요! (종이 사전, 인터넷 사전, 스마트폰 사전 모두 좋아요.)

❻ 재미있었나요?

오늘의 영어 공부도 즐거웠나요? 영어 실력을 쌓아가는 일은 지루하고 고된 달리기예요. '재미있게, 즐겁게'를 목표로 하세요. 하지만 오늘따라 지루하고 힘들었다면 솔직하게 쓰는 것도 좋은 방법이에요. 영어에 대한 아이의 감정을 별점으로 자유롭게 표현하게 해주세요. 그리고 그 이유를 간단히 생각해보는 것도 내일의 공부에 도움이 된답니다. (이유는 적지 않아도 괜찮습니다.)

❼ 열심히 했나요?

초등의 영어는 그 실력이 높고, 낮음이 중요하지 않아요. 결과는 절대 지금 눈에 보이지 않고 지금 평가할 수 없거든요. 영어 습관을 만드는 지금은 최선을 다했다고 느끼는가를 아이 스스로 돌아볼 기회를 주는 것으로 충분해요. 열심히 하지 못했다고 느끼는 날이 더 많을 거예요. 괜찮습니다. 돌아보며 솔직하게 생각하는 시간만큼 성장하거든요. 자신의 공부에 아이 스스로가 별점을 주도록 해보세요. (이유는 적지 않아도 괜찮습니다.)

매일 영어 습관 만들기
선수 입장

오늘부터 꾸준하고 성실하게 영어 습관을 만들어갈 엄마와 아이는 100일 영어 달리기에 출전한 선수들이에요. 이 선수들을 자랑스럽게 소개해주세요.

칸 안에는 한글, 영어 모두 사용해도 괜찮아요. 아는 영어 단어가 있다면 주저 말고 그냥 써 보세요. 틀리면 어떤가요? 매일 하다 보면 반드시 점점 더 잘하게 될 테니 지금의 실력은 신경 쓰지 마세요.

어린이 선수

한글 이름

영어 이름

별명

나이

취미

특기

다짐

엄마 선수

한글 이름

영어 이름

별명

나이

취미

특기

다짐

자, 그럼 오늘부터

100일 영어 달리기

시작해볼까요?

DATE   •   •

▶️ **오늘의 영상**

Title   Time

📖 **오늘의 책**

Title   Time

✏️ **한 문장만 골라볼까?**

Today's Sentence

🔤 **이 단어는 무슨 뜻일까?**

Word 1   Meaning

Word 2   Meaning

🙂 **재미 있었나요?**

So fun!   ☆ ☆ ☆ ☆ ☆

👍 **열심히 했나요?**

Good job!   ☆ ☆ ☆ ☆ ☆

▶ 오늘의
영상

Title   Time

📖 오늘의
책

Title   Time

✏️
한 문장만
골라볼까?

Today's Sentence

....

....

....

🔤 이 단어는
무슨 뜻일까?

Word 1   Meaning

....

Word 2   Meaning

😊 재미
있었나요?

So fun!   ☆ ☆ ☆ ☆ ☆

....

....

👍 열심히
했나요?

Good job!   ☆ ☆ ☆ ☆ ☆

....

DATE   •   •

오늘의
영상

Title   Time

오늘의
책

Title   Time

Today's Sentence

한 문장만
골라볼까?

....

....

....

Word 1   Meaning

이 단어는
무슨 뜻일까?

Word 2   Meaning

So fun!   ☆ ☆ ☆ ☆ ☆

재미
있었나요?

....

Good job!   ☆ ☆ ☆ ☆ ☆

열심히
했나요?

....

DATE ● ●

▶️
오늘의
영상

Title   Time

📖
오늘의
책

Title   Time

✏️
한 문장만
골라볼까?

Today's Sentence

🔤
이 단어는
무슨 뜻일까?

Word 1   Meaning

Word 2   Meaning

🙂
재미
있었나요?

So fun!   ☆ ☆ ☆ ☆ ☆

👍
열심히
했나요?

Good job!   ☆ ☆ ☆ ☆ ☆

DATE • •

▶ 오늘의
영상

Title   Time

📖 오늘의
책

Title   Time

✏️ 한 문장만
골라볼까?

Today's Sentence

🔤 이 단어는
무슨 뜻일까?

Word 1   Meaning

Word 2   Meaning

😊 재미
있었나요?

So fun!   ☆ ☆ ☆ ☆ ☆

👍 열심히
했나요?

Good job!   ☆ ☆ ☆ ☆ ☆

DATE　　•　　　•

📺 **Title**　　　　　　　　　　　　　　**Time**

오늘의
영상

📘 **Title**　　　　　　　　　　　　　　**Time**

오늘의
책

Today's Sentence

✏️

한 문장만
골라볼까?

Word 1　　　　　　　　　**Meaning**

🔤

이 단어는
무슨 뜻일까?
Word 2　　　　　　　　　**Meaning**

So fun!　　　　　　　　　　　☆ ☆ ☆ ☆ ☆

☺
재미
있었나요?

Good job!　　　　　　　　　　☆ ☆ ☆ ☆ ☆

👍

열심히
했나요?

DATE · ·

도전, 영어 글쓰기 I.
한 문장만 골라 봐!

영어 글쓰기, 어렵게 생각하지 마세요!

딱 한 문장만 고르면 되거든요.

집에 있는 영어책 중 가장 쉬워 보이는 책을 한 권 고르세요.

이제까지 읽었던 책도 좋고,

한 번도 읽어본 적 없는 책도 좋아요.

책이 너무 쉽다고요? 괜찮아요, 잘했어요!

그 책을 펼쳐 가장 쉬워 보이거나

가장 재미있어 보이는 문장을 하나만 고르세요.

그 문장을 오른쪽 노트에 천천히 한 글자씩 따라 써보세요.

딱 한 번만 써도 되고요, 쓰고 싶은 만큼만 써도 되고요,

전체를 꽉 채우도록 써도 좋습니다.

오늘의 영어 글쓰기, 참 쉽죠?

영어 글쓰기 노트

DATE   .   .

오늘의
영상

Title   Time

오늘의
책

Title   Time

Today's Sentence

한 문장만
골라볼까?

이 단어는
무슨 뜻일까?

Word 1   Meaning

Word 2   Meaning

재미
있었나요?

So fun!   ☆ ☆ ☆ ☆ ☆

열심히
했나요?

Good job!   ☆ ☆ ☆ ☆ ☆

DATE　　　　·　　　·

오늘의
영상

Title　　　　　　　　　　　　　　　　　　Time

오늘의
책

Title　　　　　　　　　　　　　　　　　　Time

Today's Sentence

한 문장만
골라볼까?

Word 1　　　　　　　　　　　　　Meaning

이 단어는
무슨 뜻일까?

Word 2　　　　　　　　　　　　　Meaning

So fun!　　　　　　　　　　　☆ ☆ ☆ ☆ ☆

재미
있었나요?

Good job!　　　　　　　　　　☆ ☆ ☆ ☆ ☆

열심히
했나요?

DAY
010

DATE　　　　•　　　•

▶️ **오늘의
영상**

Title　　　　　　　　　　　　　　　　　　　Time

📖 **오늘의
책**

Title　　　　　　　　　　　　　　　　　　　Time

Today's Sentence

✏️ **한 문장만
골라볼까?**

Word 1　　　　　　　　　　Meaning

🔤 **이 단어는
무슨 뜻일까?**

Word 2　　　　　　　　　　Meaning

😊 **재미
있었나요?**

So fun!　　　　　　　　　　　　　　☆ ☆ ☆ ☆ ☆

👍 **열심히
했나요?**

Good job!　　　　　　　　　　　　　☆ ☆ ☆ ☆ ☆

46

DATE   •   •

오늘의
영상

Title   Time

오늘의
책

Title   Time

한 문장만
골라볼까?

Today's Sentence

이 단어는
무슨 뜻일까?

Word 1   Meaning

Word 2   Meaning

재미
있었나요?

So fun!   ☆ ☆ ☆ ☆ ☆

열심히
했나요?

Good job!   ☆ ☆ ☆ ☆ ☆

DATE . .

▶️ Title   Time
오늘의
영상

📖 Title   Time
오늘의
책

✏️ Today's Sentence

한 문장만
골라볼까?

🔤 Word 1   Meaning
이 단어는
무슨 뜻일까?   Word 2   Meaning

🙂 So fun!   ☆ ☆ ☆ ☆ ☆
재미
있었나요?

👍 Good job!   ☆ ☆ ☆ ☆ ☆
열심히
했나요?

DATE · ·

오늘의
영상

Title   Time
·
·

오늘의
책

Title   Time
·
·

Today's Sentence

한 문장만
골라볼까?

....

....

....

Word 1   Meaning

이 단어는
무슨 뜻일까?

....
Word 2   Meaning

So fun!   ☆ ☆ ☆ ☆ ☆

재미
있었나요?

....

....

Good job!   ☆ ☆ ☆ ☆ ☆

열심히
했나요?

....

DATE

도전, 영어 글쓰기 2.
한 단어만 바꿔 봐!

DAY 007에서 했던 도전1을 기억하나요?

그렇다면 오늘의 글쓰기도 문제없을 거예요.

도전1에서 골라 썼던 그 문장을

오른쪽 노트에 그대로 옮겨 써보세요.

딱 한 번만 쓰면 됩니다.

그런 다음에 그 문장에서 단어 하나를 고르고

그 단어를 마음에 드는 다른 단어로 바꿔 써보세요.

지난주의 문장이 I love mom이었다면

이번 주의 문장은 I love dad로 바꾸면 끝!

단어를 바꾼 문장을 딱 한 번만 써도 되고요,

쓰고 싶은 만큼만 써도 되고요,

전체를 꽉 채우도록 써도 좋습니다.

오늘의 영어 글쓰기, 참 쉽죠?

DATE   •   •

오늘의
영상

Title   Time

오늘의
책

Title   Time

한 문장만
골라볼까?

Today's Sentence

이 단어는
무슨 뜻일까?

Word 1   Meaning

Word 2   Meaning

재미
있었나요?

So fun!   ☆ ☆ ☆ ☆ ☆

열심히
했나요?

Good job!   ☆ ☆ ☆ ☆ ☆

DATE   •   •

▶ Title   Time

오늘의
영상

📖 Title   Time

오늘의
책

✏️ Today's Sentence

한 문장만
골라볼까?

....

....

....

ABC   Word 1   Meaning

이 단어는
무슨 뜻일까?   Word 2   Meaning

....

🙂 So fun!   ☆ ☆ ☆ ☆ ☆

재미
있었나요?

....

👍 Good job!   ☆ ☆ ☆ ☆ ☆

열심히
했나요?

....

DATE · ·

오늘의
영상

Title   Time

오늘의
책

Title   Time

한 문장만
골라볼까?

Today's Sentence

....

....

....

이 단어는
무슨 뜻일까?

Word 1   Meaning

....

Word 2   Meaning

재미
있었나요?

So fun!   ☆ ☆ ☆ ☆ ☆

....

....

열심히
했나요?

Good job!   ☆ ☆ ☆ ☆ ☆

....

DATE   •   •

📺 오늘의
영상

Title   Time

📖 오늘의
책

Title   Time

✏️ 한 문장만
골라볼까?

Today's Sentence

🔤 이 단어는
무슨 뜻일까?

Word 1   Meaning

Word 2   Meaning

😊 재미
있었나요?

So fun!   ☆ ☆ ☆ ☆ ☆

👍 열심히
했나요?

Good job!   ☆ ☆ ☆ ☆ ☆

DATE　　　•　　　•

오늘의
영상

Title　　　　　　　　　　　　　　　　　　　　Time

오늘의
책

Title　　　　　　　　　　　　　　　　　　　　Time

Today's Sentence

한 문장만
골라볼까?

Word 1　　　　　　　　　　　　Meaning

이 단어는
무슨 뜻일까?

Word 2　　　　　　　　　　　　Meaning

So fun!　　　　　　　　　　　　　　　　☆ ☆ ☆ ☆ ☆

재미
있었나요?

Good job!　　　　　　　　　　　　　　　☆ ☆ ☆ ☆ ☆

열심히
했나요?

DAY 020

오늘의 영상

Title

Time

오늘의 책

Title

Time

한 문장만 골라볼까?

Today's Sentence

이 단어는 무슨 뜻일까?

Word 1   Meaning

Word 2   Meaning

재미 있었나요?

So fun!   ☆☆☆☆☆

열심히 했나요?

Good job!   ☆☆☆☆☆

도전, 영어 글쓰기 3.

두 문장을 골라 봐!

자, 한 문장 글쓰기에 성공했으니 이제 두 문장에 도전해볼 거예요.
역시 이번에도 집에 있는 영어책 중 가장 쉬워 보이는 책을 한 권 고르세요.
이제까지 읽었던 책도 좋고, 한 번도 읽어본 적 없는 책도 좋아요.
책이 너무 쉽다고요? 괜찮아요, 잘했어요!
그 책을 펼쳐 가장 쉬워 보이거나
가장 재미있어 보이는 문장을 두 개만 고르세요.
연결된 문장도 좋고, 전혀 상관없는 두 문장도 괜찮아요.
그 문장을 오른쪽 노트에 천천히 한 글자씩 따라 써보세요.

딱 한 번만 써도 되고요, 쓰고 싶은 만큼만 써도 되고요,
전체를 꽉 채우도록 써도 좋습니다.
오늘의 영어 글쓰기, 참 쉽죠?

DATE　　　　·　　　·

▶ Title　　　　　　　　　　　　　　　　　　　　Time

오늘의
영상

Title　　　　　　　　　　　　　　　　　　　　Time

오늘의
책

Today's Sentence

✎
한 문장만
골라볼까?

Word 1　　　　　　　　　　　Meaning

🅰🅱🅲
이 단어는
무슨 뜻일까?

Word 2　　　　　　　　　　　Meaning

So fun!　　　　　　　　　　　　　　　　　☆ ☆ ☆ ☆ ☆

😊
재미
있었나요?

Good job!　　　　　　　　　　　　　　　　☆ ☆ ☆ ☆ ☆

👍
열심히
했나요?

DATE · ·

▶ 오늘의
영상

Title   Time

📖 오늘의
책

Title   Time

✏️ 한 문장만
골라볼까?

Today's Sentence

....

....

....

🔤 이 단어는
무슨 뜻일까?

Word 1   Meaning

....

Word 2   Meaning

🙂 재미
있었나요?

So fun!   ☆ ☆ ☆ ☆ ☆

....

👍 열심히
했나요?

Good job!   ☆ ☆ ☆ ☆ ☆

....

DATE　　　　·　　　·

오늘의
영상

Title　　　　　　　　　　　　　　　　　　　Time

오늘의
책

Title　　　　　　　　　　　　　　　　　　　Time

Today's Sentence

한 문장만
골라볼까?

이 단어는
무슨 뜻일까?

Word 1　　　　　　　　　　Meaning

Word 2　　　　　　　　　　Meaning

재미
있었나요?

So fun!　　　　　　　　　☆ ☆ ☆ ☆ ☆

열심히
했나요?

Good job!　　　　　　　　☆ ☆ ☆ ☆ ☆

DATE · ·

📺 오늘의 영상

Title   Time

📖 오늘의 책

Title   Time

✏️ 한 문장만 골라볼까?

Today's Sentence

🔤 이 단어는 무슨 뜻일까?

Word 1   Meaning

Word 2   Meaning

😊 재미 있었나요?

So fun!   ☆ ☆ ☆ ☆ ☆

👍 열심히 했나요?

Good job!   ☆ ☆ ☆ ☆ ☆

DATE　　　·　　　·

▶ Title　　　　　　　　　　　　　　　　　Time

오늘의
영상

📖 Title　　　　　　　　　　　　　　　　　Time

오늘의
책

Today's Sentence

✏️

한 문장만
골라볼까?

Word 1　　　　　　　　Meaning

이 단어는
무슨 뜻일까?　　Word 2　　　　　　　　Meaning

So fun!　　　　　　　　　　　　☆ ☆ ☆ ☆ ☆

재미
있었나요?

Good job!　　　　　　　　　　　☆ ☆ ☆ ☆ ☆

열심히
했나요?

DATE   •   •

오늘의
영상

Title   Time

오늘의
책

Title   Time

한 문장만
골라볼까?

Today's Sentence

이 단어는
무슨 뜻일까?

Word 1   Meaning

Word 2   Meaning

재미
있었나요?

So fun!   ☆ ☆ ☆ ☆ ☆

열심히
했나요?

Good job!   ☆ ☆ ☆ ☆ ☆

DATE   ·   ·

도전, 영어 글쓰기 4.

한 단어만 바꿔 봐!

DAY 021에서 했던 도전3을 기억하나요?

그렇다면 오늘의 글쓰기도 문제없을 거예요.

도전3에서 골라 썼던 그 문장을 오른쪽에 그대로 옮겨 써보세요.

딱 한 번만 쓰면 됩니다.

그런 다음에 그 문장에서 단어 하나를 고르고

그 단어를 마음에 드는 다른 단어로 바꿔 써보세요.

지난 번에 썼던 문장이 I like a banana라면

이번 주의 문장은 I like an apple로 바꾸면 끝!

단어를 바꾼 문장을 딱 한 번만 써도 되고요,

쓰고 싶은 만큼만 써도 되고요,

전체를 꽉 채우도록 써도 좋습니다.

오늘의 영어 글쓰기, 참 쉽죠?

DATE   •   •

오늘의
영상

Title   Time

오늘의
책

Title   Time

한 문장만
골라볼까?

Today's Sentence

이 단어는
무슨 뜻일까?

Word 1   Meaning

Word 2   Meaning

재미
있었나요?

So fun!   ☆ ☆ ☆ ☆ ☆

열심히
했나요?

Good job!   ☆ ☆ ☆ ☆ ☆

DATE • •

오늘의
영상

Title

Time

오늘의
책

Title

Time

Today's Sentence

한 문장만
골라볼까?

이 단어는
무슨 뜻일까?

Word 1

Meaning

Word 2

Meaning

재미
있었나요?

So fun!

☆ ☆ ☆ ☆ ☆

열심히
했나요?

Good job!

☆ ☆ ☆ ☆ ☆

DAY
031

▶️ 오늘의
영상

Title   Time

📖 오늘의
책

Title   Time

✏️ 한 문장만
골라볼까?

Today's Sentence

....
....
....

🔤 이 단어는
무슨 뜻일까?

Word 1   Meaning

....

Word 2   Meaning

....

☺️ 재미
있었나요?

So fun!   ☆ ☆ ☆ ☆ ☆

....
....

👍 열심히
했나요?

Good job!   ☆ ☆ ☆ ☆ ☆

....

DATE　　　．　　　．

▶ Title　　　　　　　　　　　　　　　　　　　Time

오늘의
영상

📔 Title　　　　　　　　　　　　　　　　　　　Time

오늘의
책

Today's Sentence

✏️

한 문장만
골라볼까?

Word 1　　　　　　　　Meaning

🔤

이 단어는
무슨 뜻일까?

Word 2　　　　　　　　Meaning

🙂 So fun!　　　　　　　　　　　☆ ☆ ☆ ☆ ☆

재미
있었나요?

👍 Good job!　　　　　　　　　　☆ ☆ ☆ ☆ ☆

열심히
했나요?

DAY
033

오늘의
영상

Title　　　　　　　　　　　　　　　　　Time

───────────────────────────────────

오늘의
책

Title　　　　　　　　　　　　　　　　　Time

Today's Sentence

한 문장만
골라볼까?

Word 1　　　　　　　　　　Meaning

이 단어는
무슨 뜻일까?

Word 2　　　　　　　　　　Meaning

☺
재미
있었나요?

So fun!　　　　　　　　　　☆ ☆ ☆ ☆ ☆

👍
열심히
했나요?

Good job!　　　　　　　　　☆ ☆ ☆ ☆ ☆

DATE . .

📺
오늘의
영상

Title

Time

📖
오늘의
책

Title

Time

✏️
한 문장만
골라볼까?

Today's Sentence

🔠
이 단어는
무슨 뜻일까?

Word 1

Meaning

Word 2

Meaning

🙂
재미
있었나요?

So fun!

☆ ☆ ☆ ☆ ☆

👍
열심히
했나요?

Good job!

☆ ☆ ☆ ☆ ☆

도전, 영어 글쓰기 5.

나는 베껴 쓰기 왕이다!

이번에는 오른쪽 노트를 통 크게 베껴 쓰기로 채울 거예요.

베껴 쓰기라면 이제 자신 있죠?

역시, 아무 책이나 제일 쉬워 보이는 걸로 골라보세요.

가장 쉬워 보이는 곳을 펼쳐서 오른쪽 노트에 베껴 쓰는 거예요.

몇 문장을 쓰든 상관없고요,

오른쪽 노트가 꽉 찰 때까지 베껴 쓰면 되는 거예요.

쓰던 문장이 덜 끝나도 한쪽을 가득 채웠다면 거기서 그만 멈추면 됩니다.

신나게 베껴 쓰면서 베껴 쓰기의 왕이 되어볼까요?

영어 글쓰기 노트 🖊

이렇게까지 구질구질하다니

초등 아이의 영어 습관을 잡아가다 보면 구질구질한 순간이 예상보다 훨씬 더 자주 찾아옵니다. 다들 무난하게 성공하는 것처럼 보여 나도 한번 시작해볼까, 나라고 못 할 거 없지, 라는 마음으로 시작할 때만 해도 아이의 영어 습관을 잡아간다는 것이 이토록 성질나고 실망스럽고 자괴감 드는 일인 줄 몰랐을 겁니다. 영어책 읽는 아이 옆에 그림처럼 예쁘게 앉아 엄마인 나도 영어 원서를 뒤적이며 함께 영어 똑똑 박사가 되는 줄 알았을 겁니다.

현실은 어떤가요.

저녁 준비를 하려고 쌀을 씻는데 아이는 수시로 와서 보챕니다. 놀아달라는 게 아니라 영어책 읽다가 도저히 이해가 안 된다며 해석을 해달라니 뿌리치기도 어렵습니다. 쌀 씻던 젖은 손으로 책을 받아들고 뒤적거리며 내용을 대충 설명해주긴 하지만 그것도 한두 번이지 한 문장마다 와서 알려달라는 아이 모습에 화가 납니다.

올 때마다 젖은 손을 닦느라 혹은 고무장갑을 벗었다 다시 끼느라 정신이 하나도 없습니다. 대충 닦은 손으로 잡은 책은 물기 때문에 곧 우글거리기 시작합니다. 차분히 알려주거나 아이에게 한 번 더 생각해볼 기회를 주는 우아한 영어책 읽기 시간은 사라진 지 오래입니다.

몇 달 전부터 읽던 책을 붙들고 그것만 대충 읽고 끝내려는 아이 모습에 슬슬 화가 치밀어 오릅니다. 이제 단계를 올라갈 때도 된 것 같아 조바심이 나는데, 그런 속도 모르고 계속 한 단계에 머물고 있으니 뭐라 하기도 애매하지만 유쾌하지 않은 건 사실입니다. 자기가 알아서 더 어려운 책도 찾아 읽고, 궁금해하면 좋으련만 꿈쩍도 하지 않습니다.

어떨까 싶어 다음 단계의 책을 구해다 디밀어 보지만 눈길도 주지 않아 허탈하게 만들고 말이에요. 어쩌다 하루, 새롭고 높은 수준의 책에 관심을 보이기라도 하면 기특하고 기분이 좋아 저녁 준비하면서 벅차오릅니다. 겨우 아이 영어책 한 권에 짜증과 환희를 오가는 내 모습이 어이없어 헛웃음이 나는 밤입니다.

영어 공부의 습관을 엄마가 하나씩 도우며 잡아가는 일은 갓난아이를 온전히 직접 키워내는 일과 비슷한 것 같아요. 똑같이 갓난아이를 키우는데도 사진 속 연예인들은 비현실적으로 우아한 모습, 살을 쪽 빼고 출산 전 몸매를 회복하는 모습을 보며 현실의 내가 너무 초라해 짜증 났던 경험, 있으시죠?

연예인들은 육아와 가사를 위해 적극적으로 주변의 도움을 받으며 우아한 육아를 하지만 일반인인 우리는 늘어진 뱃살, 푸석해진 피부, 밥 안 먹고 잠 안 자는 아이를 보며 우울해하지요.

다들 그렇습니다.

영어 공부 습관을 만드는 건 신생아를 낳아 기르는 과정과 비슷합니다. 그러니까 우리에게는 그다지 낯선 상황은 아니라는 거예요. 처음 시도하는 과정이지만 결코 처음 같지 않은 마음으로 할 수 있고, 두 번째이니 조금 더 단단한 멘탈을 유지할 수 있는 이유입니다.

질끈 동여맨 안 감은 머리로 손목 보호대를 한 채 하루도 편히 못 자면서 신생아를 키워냈던 그 몇 년의 시간이 쌓여 눈도 제대로 뜨지 못하던 아가는 어린이가 되었고, 나는 비로소 진짜 엄마가 되었습니다. 그 과정은 너무 힘들어 다시 돌아가고 싶지 않을 정도이지만, 아이라는 존재 덕분에 표현 못 할 뿌듯함을 경험하며 단단해지고 성숙했을 겁니다.

아이 공부하는 꼴을 보고 있자니 당장 오늘이라도 그만두고 싶고, 큰 소리로 아이를 나무라고 싶고, 다들 다닌다는 유명한 어학원에 등록해 매일 단어 시험을 보는 수업에 넣어 정신없이 따라가게 하고 싶고, 이럴 거면 차라리 확 외국에 가서 살아버리고 싶은 복잡하고 다양한 감정들 속에 파묻혀 현실은 너무 구질구질합니다.

구질구질하게 느껴진다는 이유로 육아를 포기하지는 않았던 것처럼 지금 마주친 구질구질한 영어 공부의 과정도 버티어내길 기원합니다.

학원의 도움을 받든 아니든 결국 아이 혼자 공부하는 습관이 실력을 쌓는 유일한 방법이기 때문입니다.

DATE . .

▶️ **오늘의 영상**

Title

Time

📖 **오늘의 책**

Title

Time

✏️ **한 문장만 골라볼까?**

Today's Sentence

🔤 **이 단어는 무슨 뜻일까?**

Word 1

Meaning

Word 2

Meaning

🙂 **재미 있었나요?**

So fun!

☆ ☆ ☆ ☆ ☆

👍 **열심히 했나요?**

Good job!

☆ ☆ ☆ ☆ ☆

DATE   •   •

오늘의
영상

Title   Time

오늘의
책

Title   Time

Today's Sentence

한 문장만
골라볼까?

Word 1   Meaning

이 단어는
무슨 뜻일까?

Word 2   Meaning

재미
있었나요?

So fun!   ☆ ☆ ☆ ☆ ☆

열심히
했나요?

Good job!   ☆ ☆ ☆ ☆ ☆

DATE   •   •

Title   Time

오늘의
영상

Title   Time

오늘의
책

Today's Sentence

한 문장만
골라볼까?

Word 1   Meaning

이 단어는
무슨 뜻일까?

Word 2   Meaning

So fun!   ☆ ☆ ☆ ☆ ☆

재미
있었나요?

Good job!   ☆ ☆ ☆ ☆ ☆

열심히
했나요?

DATE   ·   ·

오늘의
영상

Title   Time

오늘의
책

Title   Time

Today's Sentence

한 문장만
골라볼까?

이 단어는
무슨 뜻일까?

Word 1   Meaning

Word 2   Meaning

재미
있었나요?

So fun!   ☆ ☆ ☆ ☆ ☆

열심히
했나요?

Good job!   ☆ ☆ ☆ ☆ ☆

DATE　　　　　·　　　·

Title   Time

오늘의
영상

Title   Time

오늘의
책

Today's Sentence

....

....

....

한 문장만
골라볼까?

Word 1   Meaning

....

이 단어는   Word 2   Meaning
무슨 뜻일까?

....

So fun!   ☆ ☆ ☆ ☆ ☆

....

재미   ....
있었나요?

Good job!   ☆ ☆ ☆ ☆ ☆

....

열심히
했나요?   ....

DATE · ·

오늘의
영상

Title   Time

오늘의
책

Title   Time

한 문장만
골라볼까?

Today's Sentence

이 단어는
무슨 뜻일까?

Word 1   Meaning

Word 2   Meaning

재미
있었나요?

So fun!   ☆ ☆ ☆ ☆ ☆

열심히
했나요?

Good job!   ☆ ☆ ☆ ☆ ☆

DATE   .   .

도전, 영어 글쓰기 6.

단어만 바꾸어 한 쪽 베껴 쓰기

자, 그대로 베껴 쓰기의 왕이 되었다고요?

이제 내가 이 책의 작가가 되어볼 거예요.

책의 작가가 되는 법, 어렵지 않아요.

오늘의 책을 고르세요.

오늘의 쪽을 고르세요.

당연히, 쉽고 재미있는 책의 가장 쉽고 재미있어 보이는 곳을 골라야겠죠?

그 한쪽에 보이는 단어들 중 한 단어만 내가 아는 다른 단어로 바꿔보세요.

Daddy가 보이면 Mommy로 바꾸고,

banana가 보이면 tomato로 바꾸면 되는 거예요!

그냥 베껴 쓰지 말고 내가 바꾼 단어를 넣어 옮겨 적어보세요.

책과 다른 내용이 되었죠?

다른 글이 탄생했죠?

이제 나는 내 글의 작가가 된 거예요.

DAY 043

오늘의 영상

Title　　　　　　　　　　　　　　　　　　　Time

오늘의 책

Title　　　　　　　　　　　　　　　　　　　Time

한 문장만 골라볼까?

Today's Sentence

....

....

....

이 단어는 무슨 뜻일까?

Word 1　　　　　　　　　　　Meaning

....

Word 2　　　　　　　　　　　Meaning

....

재미 있었나요?

So fun!　　　　　　　　　　　☆ ☆ ☆ ☆ ☆

....

....

열심히 했나요?

Good job!　　　　　　　　　　☆ ☆ ☆ ☆ ☆

....

DATE   •   •

▶️ **Title**   **Time**

오늘의
영상

📖 **Title**   **Time**

오늘의
책

Today's Sentence

✏️

한 문장만
골라볼까?

Word 1   **Meaning**

🔤

이 단어는
무슨 뜻일까?   **Word 2**   **Meaning**

So fun!   ☆ ☆ ☆ ☆ ☆

😊

재미
있었나요?

Good job!   ☆ ☆ ☆ ☆ ☆

👍

열심히
했나요?

DATE   ·   ·

Title   Time

오늘의
영상

Title   Time

오늘의
책

Today's Sentence

한 문장만
골라볼까?

Word 1   Meaning

이 단어는
무슨 뜻일까?   Word 2   Meaning

So fun!   ☆ ☆ ☆ ☆ ☆

재미
있었나요?

Good job!   ☆ ☆ ☆ ☆ ☆

열심히
했나요?

DATE · ·

오늘의
영상

Title   Time

오늘의
책

Title   Time

Today's Sentence

한 문장만
골라볼까?

이 단어는
무슨 뜻일까?

Word 1   Meaning

Word 2   Meaning

재미
있었나요?

So fun!   ☆ ☆ ☆ ☆ ☆

열심히
했나요?

Good job!   ☆ ☆ ☆ ☆ ☆

DATE   •   •

오늘의
영상

Title   Time

오늘의
책

Title   Time

한 문장만
골라볼까?

Today's Sentence

이 단어는
무슨 뜻일까?

Word 1   Meaning

Word 2   Meaning

재미
있었나요?

So fun!   ☆ ☆ ☆ ☆ ☆

열심히
했나요?

Good job!   ☆ ☆ ☆ ☆ ☆

DATE . .

오늘의
영상

Title   Time

오늘의
책

Title   Time

한 문장만
골라볼까?

Today's Sentence

이 단어는
무슨 뜻일까?

Word 1   Meaning

Word 2   Meaning

재미
있었나요?

So fun!   ☆ ☆ ☆ ☆ ☆

열심히
했나요?

Good job!   ☆ ☆ ☆ ☆ ☆

도전, 영어 글쓰기 7.

영어 단어 물고기 어항 만들기

오늘은 단어 부자가 되어볼까요?

영어로 글을 쓸 때는 내가 단어를 많이 가지고 있어야 쉽게 쓸 수 있거든요.

오늘부터 영어 단어 모으기 대작전을 시작할 거예요.

내가 알고 있는 단어와 이제부터 새롭게 알게 되는 단어를

옆에 있는 어항 속에 한 마리씩 담아보세요.

어떻게 쓰는지 기억나지 않는다면 책을 찾고,

사전을 검색하고, 엄마께 여쭤봐도 괜찮아요.

그렇게 하면서 이 단어는 내 단어가 되는 거거든요.

오늘 모든 물고기를 다 완성해도 되지만

매일 하나씩 천천히 채워도 좋아요.

다 채우고도 더 있다면 어항 구석구석에

물고기를 더 그리고 단어를 담아도 되고요.

와, 벌써 다 채웠다고요?

최고, 최고!

영어 글쓰기 노트 ✏️

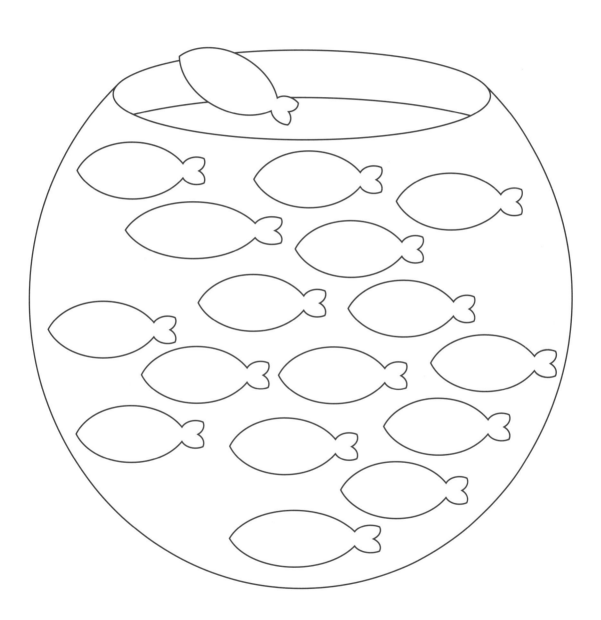

DATE   •   •

Title   Time

오늘의
영상

Title   Time

오늘의
책

Today's Sentence

한 문장만
골라볼까?

Word 1   Meaning

이 단어는
무슨 뜻일까?   Word 2   Meaning

So fun!   ☆ ☆ ☆ ☆ ☆

☺
재미
있었나요?

Good job!   ☆ ☆ ☆ ☆ ☆

열심히
했나요?

DATE　　　　·　　　　·

▶️ 오늘의
영상

Title　　　　　　　　　　　　　　　　Time
　　　　　　　　　　　　　　　　　　　·
　　　　　　　　　　　　　　　　　　　·

📖 오늘의
책

Title　　　　　　　　　　　　　　　　Time
　　　　　　　　　　　　　　　　　　　·
　　　　　　　　　　　　　　　　　　　·

✏️ 한 문장만
골라볼까?

Today's Sentence

🔤 이 단어는
무슨 뜻일까?

Word 1　　　　　　　　　Meaning

Word 2　　　　　　　　　Meaning

🙂 재미
있었나요?

So fun!　　　　　　　　　☆ ☆ ☆ ☆ ☆

👍 열심히
했나요?

Good job!　　　　　　　　☆ ☆ ☆ ☆ ☆

DATE   .   .

오늘의
영상

Title   Time

오늘의
책

Title   Time

한 문장만
골라볼까?

Today's Sentence

이 단어는
무슨 뜻일까?

Word 1   Meaning

Word 2   Meaning

재미
있었나요?

So fun!   ☆ ☆ ☆ ☆ ☆

열심히
했나요?

Good job!   ☆ ☆ ☆ ☆ ☆

DATE   ·   ·

📺 오늘의
영상

Title   Time

📖 오늘의
책

Title   Time

✏️ 한 문장만
골라볼까?

Today's Sentence

....

....

....

🔠 이 단어는
무슨 뜻일까?

Word 1   Meaning

....

Word 2   Meaning

😊 재미
있었나요?

So fun!   ☆ ☆ ☆ ☆ ☆

....

....

👍 열심히
했나요?

Good job!   ☆ ☆ ☆ ☆ ☆

....

....

DAY
054

오늘의 영상

Title

Time

오늘의 책

Title

Time

한 문장만 골라볼까?

Today's Sentence

이 단어는 무슨 뜻일까?

Word 1

Meaning

Word 2

Meaning

재미 있었나요?

So fun!

☆ ☆ ☆ ☆ ☆

열심히 했나요?

Good job!

☆ ☆ ☆ ☆ ☆

DATE ● ● ●

▶️
**오늘의
영상**

Title

Time

📖
**오늘의
책**

Title

Time

✏️
**한 문장만
골라볼까?**

Today's Sentence

🔤
**이 단어는
무슨 뜻일까?**

Word 1

Meaning

Word 2

Meaning

☺️
**재미
있었나요?**

So fun!

☆ ☆ ☆ ☆ ☆

👍
**열심히
했나요?**

Good job!

☆ ☆ ☆ ☆ ☆

DAY
056

DATE . .

도전, 영어 글쓰기 8.

어항 속 단어로 아무 글 대잔치

DAY 049에서 어항에 채워놓은 단어들을 다시 한번 펼쳐보세요.

어때요, 정말 멋진 어항이죠?

나는 미국 사람도 아니고 미국에 사는 사람도 아닌데

영어 단어를 이렇게나 많이 알고 있다니,

나는 정말 영어 천재 아닐까요?

오늘은 영어 아무 글 대잔치를 해봅시다!

잔치니까 신나게 하세요. 힘들게 울상 지으면서 하면 반칙!

내가 썼지만 나도 도저히 무슨 뜻인지 알 수 없을 만큼

아무 단어나 신나게 쓰면 성공입니다.

아빠도, 엄마도, 언니도, 동생도

아무도 알아볼 수 없는 내용으로 만들어버리세요.

뭘 써야 할지 막막하다면 어항 속 물고기 배에 적힌 단어들을

내 마음대로 마구 이어 써보세요.

짜잔, 아무 글 대잔치 성공!!!!

DATE   ·   ·

▶ Title   Time
오늘의
영상

📖 Title   Time
오늘의
책

✏️ Today's Sentence

한 문장만
골라볼까?

🔤 Word 1   Meaning
이 단어는
무슨 뜻일까?   Word 2   Meaning

😀 So fun!   ☆ ☆ ☆ ☆ ☆
재미
있었나요?

👍 Good job!   ☆ ☆ ☆ ☆ ☆
열심히
했나요?

DATE   •   •

오늘의
영상

Title   Time

오늘의
책

Title   Time

한 문장만
골라볼까?

Today's Sentence

이 단어는
무슨 뜻일까?

Word 1   Meaning

Word 2   Meaning

재미
있었나요?

So fun!   ☆ ☆ ☆ ☆ ☆

열심히
했나요?

Good job!   ☆ ☆ ☆ ☆ ☆

DATE　　　　·　　　·

오늘의
영상

Title　　　　　　　　　　　　　　　　　　Time

오늘의
책

Title　　　　　　　　　　　　　　　　　　Time

한 문장만
골라볼까?

Today's Sentence

이 단어는
무슨 뜻일까?

Word 1　　　　　　　　　Meaning

Word 2　　　　　　　　　Meaning

재미
있었나요?

So fun!　　　　　　　　☆ ☆ ☆ ☆ ☆

열심히
했나요?

Good job!　　　　　　　☆ ☆ ☆ ☆ ☆

DATE   •   •

▶
오늘의
영상

Title   Time

📖
오늘의
책

Title   Time

✏️
한 문장만
골라볼까?

Today's Sentence

ABC
이 단어는
무슨 뜻일까?

Word 1   Meaning

Word 2   Meaning

😊
재미
있었나요?

So fun!   ☆ ☆ ☆ ☆ ☆

👍
열심히
했나요?

Good job!   ☆ ☆ ☆ ☆ ☆

DATE · ·

▶ Title   Time
오늘의
영상

📖 Title   Time
오늘의
책

✏ Today's Sentence
한 문장만
골라볼까?

🔤 Word 1   Meaning
이 단어는
무슨 뜻일까?   Word 2   Meaning

☺ So fun!   ☆ ☆ ☆ ☆ ☆
재미
있었나요?

👍 Good job!   ☆ ☆ ☆ ☆ ☆
열심히
했나요?

DATE　　·　　·

오늘의
영상

Title　　　　　　　　　　　　　　　　　　Time

오늘의
책

Title　　　　　　　　　　　　　　　　　　Time

한 문장만
골라볼까?

Today's Sentence

이 단어는
무슨 뜻일까?

Word 1　　　　　　　Meaning

Word 2　　　　　　　Meaning

재미
있었나요?

So fun!　　　　　　　　　☆☆☆☆☆

열심히
했나요?

Good job!　　　　　　　　☆☆☆☆☆

DATE

도전, 영어 글쓰기 9.
나만의 영어 책장 만들기

우리 집에 있는 영어책들을 모아 나만의 영어 책장을 만들 거예요.

자, 일단 영어책을 10권 가져오세요.

재미없는 책 말고, 어려운 책 말고,

내가 정말 좋아하고 재미있고 쉬운 책들로만 골라오세요.

모두 내 맘이에요.

모자란다면, 있는 만큼만 가져오면 되고요,

잠시 도서관에 가서 빌려와도 되어요.

책의 제목을 오른쪽에 한 권씩 그대로 옮겨 적어보세요.

내 책장이니까 순서는 내 맘!

제목을 옮겨 적을 땐 한 글자도 틀리지 않도록

확인하면서 꼼꼼하게 적어주세요.

짜잔, 나만의 영어 책장이 완성되었습니다!

영어 글쓰기 노트 ✏️

영어
글쓰기
강의

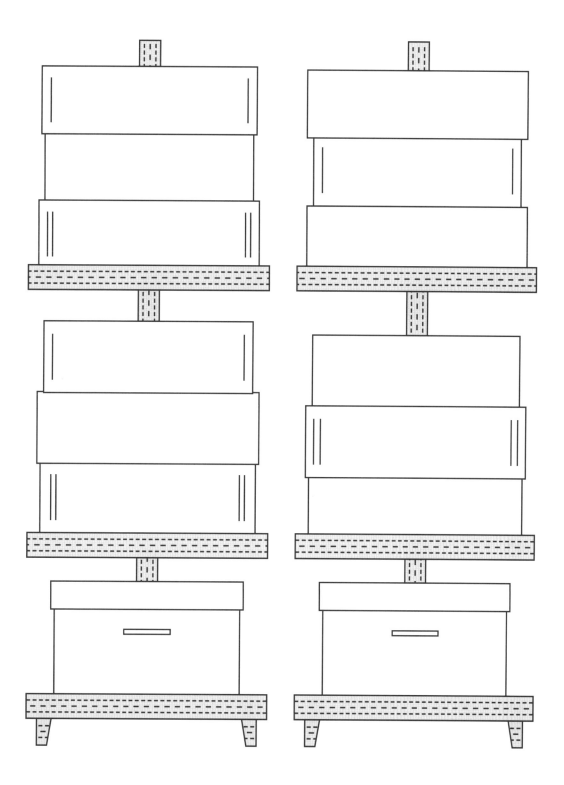

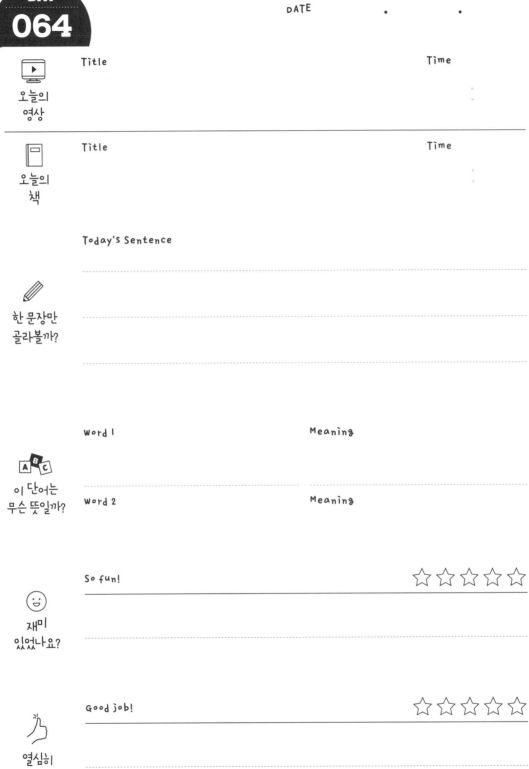

DAY 064

DATE   •   •

오늘의 영상   Title   Time

오늘의 책   Title   Time

한 문장만 골라볼까?   Today's Sentence

이 단어는 무슨 뜻일까?   Word 1   Meaning

Word 2   Meaning

재미 있었나요?   So fun!   ☆☆☆☆☆

열심히 했나요?   Good job!   ☆☆☆☆☆

DATE . .

오늘의
영상

Title

Time

오늘의
책

Title

Time

한 문장만
골라볼까?

Today's Sentence

이 단어는
무슨 뜻일까?

Word 1

Meaning

Word 2

Meaning

재미
있었나요?

So fun!

☆ ☆ ☆ ☆ ☆

열심히
했나요?

Good job!

☆ ☆ ☆ ☆ ☆

DATE   .   .

오늘의
영상

Title   Time

오늘의
책

Title   Time

Today's Sentence

한 문장만
골라볼까?

....

....

....

이 단어는
무슨 뜻일까?

Word 1   Meaning

....

Word 2   Meaning

재미
있었나요?

So fun!   ☆ ☆ ☆ ☆ ☆

....

열심히
했나요?

Good job!   ☆ ☆ ☆ ☆ ☆

....

DATE   •   •

오늘의
영상

Title   Time

오늘의
책

Title   Time

Today's Sentence

한 문장만
골라볼까?

Word 1   Meaning

이 단어는
무슨 뜻일까?

Word 2   Meaning

So fun!   ☆ ☆ ☆ ☆ ☆

재미
있었나요?

Good job!   ☆ ☆ ☆ ☆ ☆

열심히
했나요?

DATE . . .

오늘의
영상

Title   Time

오늘의
책

Title   Time

한 문장만
골라볼까?

Today's Sentence

이 단어는
무슨 뜻일까?

Word 1   Meaning

Word 2   Meaning

재미
있었나요?

So fun!   ☆ ☆ ☆ ☆ ☆

열심히
했나요?

Good job!   ☆ ☆ ☆ ☆ ☆

DATE　　　•　　　•

📺
오늘의
영상

Title

Time

📖
오늘의
책

Title

Time

✏️
한 문장만
골라볼까?

Today's Sentence

🔤
이 단어는
무슨 뜻일까?

Word 1

Meaning

Word 2

Meaning

☺️
재미
있었나요?

So fun!

☆ ☆ ☆ ☆ ☆

👍
열심히
했나요?

Good job!

☆ ☆ ☆ ☆ ☆

도전, 영어 글쓰기 10.

한글과 영어를 섞어 쓰기

나는 한글을 사용하는 한국 사람이면서,

영어를 공부하는 학생입니다.

한글과 영어, 두 가지 언어를 쓸 줄 아는 사람이라고요!

(정말 대단하죠?)

두 가지 언어를 내 마음대로 섞어서 한 편의 글을 완성할 거예요.

어떤 단어를 영어로 쓰고, 또 어떤 단어를 한글로 쓸지는 내 마음이에요.

한글로 쓰기 시작하다가 아는 영어 단어가 나오면 영어로 써도 되고요,

영어로 쓰기 시작하다가 모르겠으면 한글로 쓰면 되는 거죠.

우리처럼 두 가지 언어에 능통한 사람이 아니라면,

이런 대단한 글쓰기는 도저히 할 수가 없어요!

영어 글쓰기 노트 ✏️

SNS 안 본 눈 삽니다

아이의 영어 로드맵을 짜기 위해 포털 사이트에 검색해본 적, 있으시죠? 검색어는 다들 비슷비슷합니다.

초등영어, 영어공부, 영어학원, 영어독서, 엄마표 영어, 영단어 암기.

검색 버튼을 누르기가 무섭게 수많은 정보가 화면을 가득 메웁니다.

처음 들어보는 단어가 눈에 띄면 살짝 긴장하고, 이미 알던 내용인데도 장황하게 설명된 글과 사진을 보자니 내가 뭘 빠뜨렸나 싶어 눈에 힘이 들어갑니다. 한참 불을 켜고 읽었는데 알고 보니 어학원 광고였음을 알고 허탈해지기도 하고요. 쏟아지는 정보들을 하나씩 누르며 읽어가다 보면 한두 시간은 훌쩍 가는데 정보를 얻어서 든든하기보다는 겁이 더럭 납니다.

정보가 부족해서가 아니고요, 정보가 너무 많아서 겁이 납니다.

어학원과 온라인 프로그램 홍보를 위한 포스팅은 그럴 수 있다고 칩시다. 그러려니 하고 넘길 수 있어요. 문제는 어느 똑 부러지게 영어 잘하는 아이의 엄마가 무심한 듯 써놓은 아이 영어 공부 현황입니다.

초등 2학년이 해리포터 원서를 읽더니 너무 재미있다고 그런 책을 더 구해달라고 졸라대어 다른 책을 더 알아봐야겠다는 둥, 이제는 시키지 않아도 혼자 뒹굴거리며 영어책을 읽다가 재미있어 소리 내어 웃기도 한다는 둥, 그렇게 쌓은 실력으로 어학원 레벨 테스트에서 생각보다 훨씬 높은 성적을 받아와서 기특하다는 둥, 요즘은 한글 자막 없이 영어 영상을 보는 재미에 빠져 혼자 이런저런 영화를 찾아 자막 없이 보기 시작했다는 둥 말이죠. 도저히 믿어지지 않는 그 집 아이의 영어 실력도 기가 막힌데, 그게 뭐 우리 집에서는 별일이 아니라는 듯한 무심한 어투의 글도 상당히 거슬립니다.

그런 글로 도배된 블로그 몇 개를 정신없이 보고 나면 두 가지 때문에 슬슬 속이 상합니다. 우리 아이는 저 집 아이보다 학년도 높은데 수준은 훨씬 아래라는 사실에 속이 뒤틀립니다. 세 살 때부터 틀어줬던 영어 노래와 1학년 때부터 꼬박꼬박 보낸 대형 어학원이 떠올라 한참 못 미치는 아이의 실력이 원망스럽고, 실망스럽습니다. 왜 우리 아이는 저렇게 되지 못하는 걸까 싶어 영어책 좀 읽으라고 하면 후다닥 읽고는 덮어버리던 모습이 떠올라 짜증이 확 치밀어 오릅니다.

속이 상해버린 또 하나의 이유는 아이 말고 엄마인 내 모습 때문입니다. 블로그 속 저 엄마는 도대체 아이에게 매일 무엇을 어떻게 해줬길래 저토록 여유롭고 우아하게 아이의 영어 공부 기록을 남길 수 있는 것인가 싶습니다. 매일 아이에게 소리를 질렀다가 사탕을 먹였다가 용돈을 줬다가 하며 할 수 있는 건 다 해봐도 따라오지 않는 아이 때문에 한숨 쉬고 스트레스를 받는 내 모습이 너무나 초라하게 느껴집니다.

우리가 이렇게 열심히 하면서도 자주 속상한 이유를 알려드릴까요?

어쩌다, 정말 어쩌다 성공한 몇몇 엄마들만 블로그를 열심히 하기 때문이에요. 장담합니다. 영어책 읽기 습관의 성공 사례가 10건이라면, 진행 중이거나 정체 중이거나 실패한 사례는 1,000건이 넘을 겁니다.

성공하지 못했다고 느끼는 엄마들은 블로그를 하지 않습니다. 블로그는 하지만 영어책에 관한 글은 쓰지 않습니다. 잘 안되는 얘기를 굳이 시간과 정성을 들여 올려놓고 남들에게 보일 이유가 없습니다. 그래서 포털 사이트를 아무리 열심히 뒤져봐도 잘 안되더라는 이야기는 찾을 수 없는 겁니다.

엄마가 영어 전문가가 아니고, 아이도 특별한 언어 영재가 아니고, 미취학 시기의 영어 과외와 유치원 등 집중적인 사교육 수업을 받지 않은 경우라면 영어 공부 습관을 잡고 서서히 그 수준을 올리기까지 적어도 3년이 걸립니다. 이토록 긴 고행의 시간을 블로그에 기분 좋게 공유하는 엄마는 드물다는 사실을 기억해주세요.

그리고 오늘 본 그 글, 잊어주세요.

SNS 안 본 눈 삽니다.

DATE   •   •

▶
오늘의
영상

Title   Time

📖
오늘의
책

Title   Time

✏️
한 문장만
골라볼까?

Today's Sentence

🔤
이 단어는
무슨 뜻일까?

Word 1   Meaning

Word 2   Meaning

🙂
재미
있었나요?

So fun!   ☆ ☆ ☆ ☆ ☆

👍
열심히
했나요?

Good job!   ☆ ☆ ☆ ☆ ☆

DATE   •   •

Title   Time

오늘의
영상

Title   Time

오늘의
책

Today's Sentence

한 문장만
골라볼까?

Word 1   Meaning

이 단어는
무슨 뜻일까?

Word 2   Meaning

So fun! ☆☆☆☆☆

재미
있었나요?

Good job! ☆☆☆☆☆

열심히
했나요?

DATE　　　　·　　　·

오늘의
영상

Title　　　　　　　　　　　　　　　　　　　　Time

오늘의
책

Title　　　　　　　　　　　　　　　　　　　　Time

Today's Sentence

한 문장만
골라볼까?

Word 1　　　　　　　　　　　Meaning

이 단어는
무슨 뜻일까?

Word 2　　　　　　　　　　　Meaning

재미
있었나요?

So fun!　　　　　　　　　　　　　☆ ☆ ☆ ☆ ☆

열심히
했나요?

Good job!　　　　　　　　　　　　☆ ☆ ☆ ☆ ☆

DATE　　·　　·

📺 오늘의
영상

Title　　　　　　　　　　　　　　　　　　　　Time

📖 오늘의
책

Title　　　　　　　　　　　　　　　　　　　　Time

✏️ 한 문장만
골라볼까?

Today's Sentence

🔤 이 단어는
무슨 뜻일까?

Word 1　　　　　　　　　Meaning

Word 2　　　　　　　　　Meaning

🙂 재미
있었나요?

So fun!　　　　　　☆ ☆ ☆ ☆ ☆

👍 열심히
했나요?

Good job!　　　　　　☆ ☆ ☆ ☆ ☆

DATE · ·

▶️ Title   Time
오늘의
영상

📕 Title   Time
오늘의
책

✏️ Today's Sentence

한 문장만
골라볼까?

....
....
....

🔤 Word 1   Meaning

이 단어는
무슨 뜻일까?   Word 2   Meaning

😊 So fun!   ☆ ☆ ☆ ☆ ☆
재미
있었나요?

👍 Good job!   ☆ ☆ ☆ ☆ ☆
열심히
했나요?

DAY 076

오늘의 영상

Title

Time

오늘의 책

Title

Time

한 문장만 골라볼까?

Today's Sentence

이 단어는 무슨 뜻일까?

Word 1   Meaning

Word 2   Meaning

재미 있었나요?

So fun!   ☆ ☆ ☆ ☆ ☆

열심히 했나요?

Good job!   ☆ ☆ ☆ ☆ ☆

도전, 영어 글쓰기 II.

나도 번역가 ①

한 가지 언어로 쓰인 글을 같은 의미를 가진
다른 언어로 바꾸는 것을 번역이라고 해요.
이런 거예요.

나는 엄마를 사랑해요.
(영어로 번역) I love mom.

어때요, 별거 아니죠?
이렇게 책과 글을 번역하는 일을 하는 사람을 '번역가'라고 불러요.
오늘은 우리도 번역가가 되어볼 거예요.
먼저, 우리의 모국어인 한글로 글을 써보세요.
주제는 '내가 가장 좋아하는 음식'이고요,
오른쪽 쓰는 공간의 위쪽에 내가 좋아하는 음식은 무엇이고,
어떤 맛이 나고, 어디에서 맛있게 먹을 수 있는지,
어떤 재료가 들어 있는지에 대해 자유롭게 쓰면 되는 거예요.
그러고 나서 번역을 시작하세요.

내가 한글로 써놓은 문장을 같은 의미의 영어로 바꾸세요.
틀려도 되고, 어색해도 되고, 이상해도 돼요.
우리는 점점 더 잘하게 될 거니까요!

영어 글쓰기 노트 ✏

* 글쓰기 주제: 내가 가장 좋아하는 음식

한글

영어

I am a translator

DATE　　•　　•

▶
오늘의
영상

Title　　　　　　　　　　　　　　　　Time

📖
오늘의
책

Title　　　　　　　　　　　　　　　　Time

Today's Sentence

✏️
한 문장만
골라볼까?

🔤
이 단어는
무슨 뜻일까?

Word 1　　　　　　　Meaning

Word 2　　　　　　　Meaning

🙂
재미
있었나요?

So fun!　　　　　☆☆☆☆☆

👍
열심히
했나요?

Good job!　　　　☆☆☆☆☆

DATE   ·   ·

오늘의
영상

Title   Time

오늘의
책

Title   Time

Today's Sentence

한 문장만
골라볼까?

Word 1   Meaning

이 단어는
무슨 뜻일까?

Word 2   Meaning

So fun!   ☆ ☆ ☆ ☆ ☆

재미
있었나요?

Good job!   ☆ ☆ ☆ ☆ ☆

열심히
했나요?

DAY 080

오늘의 영상

Title

Time

오늘의 책

Title

Time

한 문장만 골라볼까?

Today's Sentence

이 단어는 무슨 뜻일까?

Word 1

Meaning

Word 2

Meaning

재미 있었나요?

So fun!

☆ ☆ ☆ ☆ ☆

열심히 했나요?

Good job!

☆ ☆ ☆ ☆ ☆

DATE　　　·　　　·

📺 오늘의
영상

Title   Time

📖 오늘의
책

Title   Time

✏️ 한 문장만
골라볼까?

Today's Sentence

🔤 이 단어는
무슨 뜻일까?

Word 1   Meaning

Word 2   Meaning

🙂 재미
있었나요?

So fun!   ☆ ☆ ☆ ☆ ☆

👍 열심히
했나요?

Good job!   ☆ ☆ ☆ ☆ ☆

DATE   ·   ·

▶ Title   Time

오늘의
영상

📖 Title   Time

오늘의
책

✏️ Today's Sentence

한 문장만
골라볼까?

🔤 Word 1   Meaning

이 단어는
무슨 뜻일까?   Word 2   Meaning

☺ So fun!   ☆ ☆ ☆ ☆ ☆

재미
있었나요?

👍 Good job!   ☆ ☆ ☆ ☆ ☆

열심히
했나요?

DATE   •   •

오늘의
영상

Title   Time

오늘의
책

Title   Time

Today's Sentence

한 문장만
골라볼까?

이 단어는
무슨 뜻일까?

Word 1   Meaning

Word 2   Meaning

재미
있었나요?

So fun!   ☆ ☆ ☆ ☆ ☆

열심히
했나요?

Good job!   ☆ ☆ ☆ ☆ ☆

DATE   •   •

도전, 영어 글쓰기 12.

나도 번역가 ②

지난주에는 내가 쓴 한글을 영어로 번역하는 한영 번역 작업이었다면,

이번에는 영어책을 한글로 번역하는 영한 번역을 해볼 거예요.

와, 근사하죠?

요즘 읽는 영어책을 한 권 골라오세요.

(물론 가장 쉽고 재미있는 것으로)

책을 펼쳐 가장 쉽고 재미있는 곳을 찾으세요.

그리고 오른쪽의 위쪽 공간이 가득 차도록 그대로 옮겨 적으세요.

이제 영한 번역을 시작해보겠습니다.

위쪽에 써 놓은 글의 의미를 해석해서

아래쪽 공간에 한글로 쓰는 거예요.

모르는 단어가 있다면 검색해봐도 되고,

엄마께 여쭤봐도 되고, 그것도 귀찮다면

그 단어는 그냥 영어로 옮겨도 괜찮아요.

정확하지 않지만 대략 어떤 뜻일 것 같다는 생각이 들면

생각한 대로 말을 만들어서 한글로 문장을 만들어버리세요.

틀리면 어떤가요. 어색하면 어떤가요.

그래서 재미있고, 그래서 즐거운 영어 글쓰기랍니다.

영어 글쓰기 노트 🖊

책 제목:

영어

___

___

___

___

___

___

___

___

한글

___

___

___

___

___

___

___

I am a translator

DATE · ·

오늘의
영상

Title   Time

오늘의
책

Title   Time

Today's Sentence

한 문장만
골라볼까?

이 단어는
무슨 뜻일까?

Word 1   Meaning

Word 2   Meaning

재미
있었나요?

So fun!   ☆ ☆ ☆ ☆ ☆

열심히
했나요?

Good job!   ☆ ☆ ☆ ☆ ☆

DATE   •   •

오늘의
영상

Title   Time

오늘의
책

Title   Time

Today's Sentence

한 문장만
골라볼까?

Word 1   Meaning

이 단어는
무슨 뜻일까?

Word 2   Meaning

So fun!   ☆ ☆ ☆ ☆ ☆

재미
있었나요?

Good job!   ☆ ☆ ☆ ☆ ☆

열심히
했나요?

DATE · ·

오늘의
영상

Title

Time

오늘의
책

Title

Time

Today's Sentence

한 문장만
골라볼까?

이 단어는
무슨 뜻일까?

Word 1

Meaning

Word 2

Meaning

재미
있었나요?

So fun!

☆ ☆ ☆ ☆ ☆

열심히
했나요?

Good job!

☆ ☆ ☆ ☆ ☆

DATE · ·

오늘의
영상

Title

Time

오늘의
책

Title

Time

한 문장만
골라볼까?

Today's Sentence

이 단어는
무슨 뜻일까?

Word 1

Meaning

Word 2

Meaning

재미
있었나요?

So fun!

☆ ☆ ☆ ☆ ☆

열심히
했나요?

Good job!

☆ ☆ ☆ ☆ ☆

DATE   ·   ·

▶️
오늘의
영상

Title   Time

📕
오늘의
책

Title   Time

✏️
한 문장만
골라볼까?

Today's Sentence

🔤
ABC
이 단어는
무슨 뜻일까?

Word 1   Meaning

Word 2   Meaning

🙂
재미
있었나요?

So fun!   ☆ ☆ ☆ ☆ ☆

👍
열심히
했나요?

Good job!   ☆ ☆ ☆ ☆ ☆

DATE   .   .

▶
오늘의
영상

Title   Time

📓
오늘의
책

Title   Time

✏️
한 문장만
골라볼까?

Today's Sentence

ABC
이 단어는
무슨 뜻일까?

Word 1   Meaning

Word 2   Meaning

☺
재미
있었나요?

So fun!   ☆ ☆ ☆ ☆ ☆

👍
열심히
했나요?

Good job!   ☆ ☆ ☆ ☆ ☆

DATE   .   .

도전, 영어 글쓰기 13.

내가 좋아하는 모든 것

어떤 음식을 좋아하나요?

어떤 유튜브 채널을 좋아하나요?

어떤 색깔을 좋아하죠?

나는 좋아하는 게 정말 많아요.

내가 좋아하는 것들을 모두 모아 영어로 표현해보는 날이에요.

시작은 I like입니다.

'나는 ○○○를 좋아해요'라는 의미이고요,

그 뒤에 내가 좋아하는 것들을 하나씩 적으면 문장이 완성되는 거예요.

사람, 음식, 물건, 영화 제목, 친구 이름 모두 다 넣어볼 수 있어요.

모르는 단어는 검색해도 좋고요, 그게 안 되면 한글로 써도 괜찮아요.

내가 쓴 문장 중 가장 좋아하는 한 가지를 넣은 문장을

그냥 큰 소리로 읽어볼까요?

I like mom ☺

I like

I like

I like

DATE .   .

▶ 오늘의
영상

Title   Time

📖 오늘의
책

Title   Time

✏️ 한 문장만
골라볼까?

Today's Sentence

ABC 이 단어는
무슨 뜻일까?

Word 1   Meaning

Word 2   Meaning

☺ 재미
있었나요?

So fun!   ☆ ☆ ☆ ☆ ☆

👍 열심히
했나요?

Good job!   ☆ ☆ ☆ ☆ ☆

DATE　　·　　·

▶
오늘의
영상

Title　　　　　　　　　　　　　　　　　　　　　Time
·

📕
오늘의
책

Title　　　　　　　　　　　　　　　　　　　　　Time
·

✏
한 문장만
골라볼까?

Today's Sentence

ABC
이 단어는
무슨 뜻일까?

Word 1　　　　　　　　　　　Meaning

Word 2　　　　　　　　　　　Meaning

☺
재미
있었나요?

So fun!　　　　　　　　　　　☆ ☆ ☆ ☆ ☆

👍
열심히
했나요?

Good job!　　　　　　　　　　☆ ☆ ☆ ☆ ☆

DATE   .   .

▶️ 오늘의
영상

Title   Time

📖 오늘의
책

Title   Time

✏️ 한 문장만
골라볼까?

Today's Sentence

🔤 이 단어는
무슨 뜻일까?

Word 1   Meaning

Word 2   Meaning

🙂 재미
있었나요?

So fun!   ☆ ☆ ☆ ☆ ☆

👍 열심히
했나요?

Good job!   ☆ ☆ ☆ ☆ ☆

DATE   •   •

▶ **오늘의
영상**

Title   Time

**오늘의
책**

Title   Time

**한 문장만
골라볼까?**

Today's Sentence

**이 단어는
무슨 뜻일까?**

Word 1   Meaning

Word 2   Meaning

**재미
있었나요?**

So fun!   ☆ ☆ ☆ ☆ ☆

**열심히
했나요?**

Good job!   ☆ ☆ ☆ ☆ ☆

DATE   ·   ·

▶️ 오늘의
영상

Title   Time

📖 오늘의
책

Title   Time

✏️ 한 문장만
골라볼까?

Today's Sentence

ABC 이 단어는
무슨 뜻일까?

Word 1   Meaning

Word 2   Meaning

😊 재미
있었나요?

So fun!   ☆ ☆ ☆ ☆ ☆

👍 열심히
했나요?

Good job!   ☆ ☆ ☆ ☆ ☆

DATE   •   •

Title   Time

오늘의
영상

Title   Time

오늘의
책

Today's Sentence

한 문장만
골라볼까?

Word 1   Meaning

이 단어는
무슨 뜻일까?

Word 2   Meaning

So fun!   ☆ ☆ ☆ ☆ ☆

재미
있었나요?

Good job!   ☆ ☆ ☆ ☆ ☆

열심히
했나요?

도전, 영어 글쓰기 14.

내가 싫어하는 모든 것

어떤 색깔을 싫어하나요?

어떤 음료수를 싫어하나요?

어떤 사람을 싫어하죠?

세상의 모든 사람과 모든 물건을 좋아할 필요는 없어요.

좋아하는 만큼 싫어하는 것도 자연스럽고 중요한 감정이에요.

그래서 오늘은 내가 싫어하는 것들을 모아볼 거예요.

시작은 I hate입니다.

'나는 ○○○를 싫어해요'라는 의미이고요,

그 뒤에 내가 싫어하는 것들을 하나씩 적으면 문장이 완성되는 거예요.

사람, 음식, 물건, 영화 제목, 친구 이름 모두 다 넣어볼 수 있어요.

모르는 단어는 검색해도 좋고요, 그게 안 되면 그냥 한글로 써도 괜찮아요.

내가 쓴 문장 중 가장 싫어하는 한 가지를 넣은 문장을

큰 소리로 읽어볼까요?

영어 글쓰기 노트 ✏️

>_< I hate black color >_<

I hate

I hate

I hate

DATE   .   .

📺 오늘의
영상

Title   Time

📖 오늘의
책

Title   Time

✏️ 한 문장만
골라볼까?

Today's Sentence

🔤 이 단어는
무슨 뜻일까?

Word 1   Meaning

Word 2   Meaning

😊 재미
있었나요?

So fun!   ☆ ☆ ☆ ☆ ☆

👍 열심히
했나요?

Good job!   ☆ ☆ ☆ ☆ ☆

DATE　　　　·　　　　·

오늘의
영상

Title　　　　　　　　　　　　　　　　　　Time
　　　　　　　　　　　　　　　　　　　　　·
　　　　　　　　　　　　　　　　　　　　　·

오늘의
책

Title　　　　　　　　　　　　　　　　　　Time
　　　　　　　　　　　　　　　　　　　　　·
　　　　　　　　　　　　　　　　　　　　　·

한 문장만
골라볼까?

Today's Sentence

이 단어는
무슨 뜻일까?

Word 1　　　　　　　　　Meaning

Word 2　　　　　　　　　Meaning

재미
있었나요?

So fun!　　　　　　　　　　☆ ☆ ☆ ☆ ☆

열심히
했나요?

Good job!　　　　　　　　　☆ ☆ ☆ ☆ ☆

DATE   •   •

📺 오늘의
영상

Title   Time

📖 오늘의
책

Title   Time

✏️ 한 문장만
골라볼까?

Today's Sentence

🔤 이 단어는
무슨 뜻일까?

Word 1   Meaning

Word 2   Meaning

🙂 재미
있었나요?

So fun!   ☆ ☆ ☆ ☆ ☆

👍 열심히
했나요?

Good job!   ☆ ☆ ☆ ☆ ☆

DATE · ·

▶ 오늘의
영상

Title   Time

📖 오늘의
책

Title   Time

✏️ 한 문장만
골라볼까?

Today's Sentence

ABC 이 단어는
무슨 뜻일까?

Word 1   Meaning

Word 2   Meaning

☺ 재미
있었나요?

So fun!   ☆ ☆ ☆ ☆ ☆

👍 열심히
했나요?

Good job!   ☆ ☆ ☆ ☆ ☆

DATE . .

오늘의
영상

Title   Time

오늘의
책

Title   Time

한 문장만
골라볼까?

Today's Sentence

이 단어는
무슨 뜻일까?

Word 1   Meaning

Word 2   Meaning

재미
있었나요?

So fun!   ☆ ☆ ☆ ☆ ☆

열심히
했나요?

Good job!   ☆ ☆ ☆ ☆ ☆

DATE　　　·　　　·

▶ 오늘의 영상

Title　　　　　　　　　　　　　　　　　　　Time

📖 오늘의 책

Title　　　　　　　　　　　　　　　　　　　Time

✏️ 한 문장만 골라볼까?

Today's Sentence

_____

_____

_____

🔤 이 단어는 무슨 뜻일까?

Word 1　　　　　　　　　　　Meaning

_____

Word 2　　　　　　　　　　　Meaning

😃 재미 있었나요?

So fun!　　　　　　　　　☆ ☆ ☆ ☆ ☆

_____

👍 열심히 했나요?

Good job!　　　　　　　　☆ ☆ ☆ ☆ ☆

_____

도전, 영어 글쓰기 15.

최고의 아무 글 대잔치

와, 벌써 열다섯 번째 영어 글쓰기예요. 믿어지나요?
우리가 영어로 이렇게 많은 글을 썼다고요?
대단해요! 최고예요!

마지막 영어 글쓰기인 만큼 최고의 아무 글 대잔치를 할 거예요.
이제까지 썼던 14편의 글을 처음부터 하나씩 펼쳐보세요.
마음속에 뿌듯함이 몽글몽글 차오르죠?
이 14편의 글 속에서 마음에 드는 문장, 단어들을 쏙쏙 모아
오늘의 잔치를 시작합니다.
베껴 썼던 문장도 괜찮고요, 내가 썼던 문장도 괜찮아요.
한글 문장과 한글 단어도 마음에 들기만 하면 모두 데려오세요.
앞에서 쓴 적은 없지만 지금 떠오르는 새로운 단어와 문장이 있다면
그것들도 모아 함께 잔치를 벌이세요.
오직 내 힘으로 완성한 한 편의 멋진 글이 탄생하는 순간이랍니다.

이제 나는 영어로 글을 쓸 수 있는 사람이 된 거예요.

영어 글쓰기 노트 ✏️

• 내 인생 최고의 영어 글쓰기 도전! •

우리가 바라는 건 무엇일까요

도대체 무슨 영화를 보겠다고 이 고생을 하는 걸까.

앞만 보고 부지런히 열심히 달리다 보면 어느 지점에서 덜컥 멈춰질 때가 있습니다. 문득 한 대 맞은 듯한 생각에 멈춰 서게 되는 거죠. 싫다는 아이를 붙잡고 바쁜 시간 쪼개어 가며 이렇게 열심히 시키는 게 과연 무엇을 위한 일일까. 이 과정을 통해 결국 아이와 나는 무엇을 얻게 될 것인가.

솔직히 말해서 아이 공부를 시키는 노하우가 생긴들, 그 덕분에 엄마가 사업을 시작할 것도 아니요, 정보를 꽉꽉 담은 책을 당장 써내는 것도 쉬운 일은 아니잖아요. 한 가지 바라는 건 아이의 영어 실력인데요, 그것 한 가지가 왜 이렇게 어려운지 모르겠습니다.

아이는 나보다는 영어를 잘했으면 좋겠고, 영어에 발목 잡히지 않았으면 좋겠다는 소박한 바람으로 바지런을 떨어보지만 아이의 반응은 대부분 시큰둥하고 실력은 제자리입니다. 남편도, 아이도, 시댁에서도 아무도 엄마의 이 수고를 알아주지 않으니 확 그냥 때려치우고 싶을 때가 한두 번이 아닐 거예요.

아이가 쭉쭉 잘 따라오고 실력이 눈에 보일 때는 이런 식의 우울한 고민을 하지 않아요. 하던 대로 계속 이렇게만 하면 영어 실력은 대번 좋아질 것이고, 자신감 충만해진 아이가 다른 과목에서도 두각을 나타내며 훨훨 날아오를 것만 같거든요.

문제는 툭하면 찾아오는 정체기입니다.

잘 가고 있는 건지도 확실치 않은데 그나마 속도도 더디니 이건 도무지 가는 건지, 마는 건지 답답합니다. 정말 많은 엄마가 아이의 영어 습관 만들기에 실패하는 비슷비슷한 과정을 겪습니다. 정체기일 뿐이었는데 거기서 그만 멈추고 맙니다. 충분히 그럴 만큼 정체기는 엄마와 아이 모두에게 어려운 시기가 맞습니다.

160

그러나 정체기는 정체기일 뿐입니다. 중단하는 핑계가 아니라 잠시 쉬기만 하면 지나가는 시간입니다. 아이와 엄마 자신에게 완벽함을 바라면 자주 정체되고 너무 쉽게 지칩니다. 아이가 정해진 목표와 계획대로 완벽하게 해내어주길 기대하지 마세요. 그렇게 완벽하게 계획대로 하지 않아도 묵묵히 하기만 하면 실력은 쌓입니다.

엉터리같은 하루들이 쌓여 실력이 됩니다.

곧잘 읽고 따라오던 아이가 요즘 들어 유난히 덜 하려고, 안 하려고 잔꾀를 부리기 시작하면 여유를 가지세요. "그동안 힘들었구나, 쉬엄쉬엄하지 뭐" 하며 마음을 알아주는 말을 건네어보세요. 바닥에 뒹굴며 책을 읽어도 되고요, 막대 사탕을 빨고 흥얼거리며 영상을 봐도 괜찮은 거예요. 양을 절반으로 홀쩍 줄여도 큰일 나지 않고요, 매일 하던 영어 공부를 일주일에 딱 한 번만 해도 괜찮습니다.

완벽하게 하려고 너무 애쓰다가 덜컥 중단해버리는 것보다 그럭저럭 근근이 유지하면서 어떻게든 계속하는 게 성공 가능성을 훨씬 더 높입니다.

엄마의 역할을 완벽하게 하려 너무 애쓰지도 마세요. 빈틈없이 똑 부러지게 잘 해내는 엄마들도 분명히 있지만요, 대부분은 그렇게 못해요. 엄청나게 열정적으로 잘 도와줄 것처럼 시작해놓고 소리 몇 번 지르고 나면 흐지부지되고 말지요. 그게 정상이에요. 시들해져도 되고 소리 좀 질러도 괜찮아요. 이건 엄마의 직업도 아니고 죽고 사는 문제도 아니잖아요.

직업이거나 죽고 사는 문제에서도 완벽할 수 없어 실수와 게으름투성이인데, 그것도 아닌 처음 해보는 일에 완벽한 과정과 결과를 기대하는 건 무리예요.

그렇게 해서는 멀리 못 가요.

우리는 아이가 성인이 되어 자립하기까지의 적어도 20년이라는 상당히 긴 마라톤을 이제 막 시작했을 뿐이에요. 지금 완벽하게 잘하고, 남들보다 빠르게 치고 나가서 뭐 하려고요. 그렇게 가 봐도 별거 없어요.

그저 오늘을 뚜벅뚜벅 걸어가세요.

뭘 더 바랄까요.

영어 영상
추천 목록50

아이가 직접 하나씩 눌러보고 선택하게 하세요!

애니메이션	

01.
까이유
Caillou - WildBrain

02.
페파피그
Peppa Pig - Official

03.
트랙터 탐
Tractor Tom - Official

04.
알파블록스
Alphablocks

05.
넘버블록스
Numberblocks

06.
메이지 마우스
Maisy Mouse Official

07.
맥스 앤 루비
Max & Ruby - Official

08.
소방관 샘
Fireman Sam

09.

호랑이
다니엘의 이웃들

**Daniel Tiger's
Neighbourhood**

10.

로보카 폴리

Robocar POLI TV

11.

슈퍼 윙스

Super Wings TV

12.

꼬마버스
타요

Tayo the Little Bus

13.

뽀로로와
친구들

**Pororo the Little
Penguin**

14.

슈퍼 와이

Super Why - WildBrain

15.

콩순이와
친구들

Kongsuni and Friends

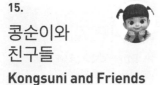

16.

세사미
스트리트

Sesame Street

17.

투피 앤 비누

toopyandbinootv

18.

시몽

**Simon [English]
Official**

19.

미스터 맨
리틀 미스

**Mr.Men Little Miss
Official**

20.

드림웍스

DreamWorksTV World

어린이 프로그램
(미술, 여행, 요리 등)

21.
하이호 키즈
Hiho Kids

22.
피콕 키즈
Peacock Kids

23.
쿨 키즈 아트
Cool Kids Art

24.
레드 테드 아트
Red Ted Art

25.
아트 포 키즈 허브
Art for Kids Hub

26.
드로우 소 큐트
Draw So Cute

27.
쿠키스월C
CookieSwirlC

28.
블리피 키즈
Blippi - Educational Videos for Kids

29.
케이시와 레이철의 원더랜드
Kaycee & Rachel in Wonderland Family

30.
크로스비스
The Crossbys

31.
라이언의 세계
Ryan's World

32.
케이지 패밀리
Kaji Family

33.
조이스
팬시 케익스
Zoes Fancy Cakes

34.
하니엘라스
Haniela's

35.
크래이지 쿨
케익스 앤 디자인스
Krazy Kool Cakes & Designs

36.
블리피
토이스
Blippi Toys

37.
슈퍼 심플
플레이
Super Simple Play

38.
마야와 메리
Maya and Mary

39.
라이크
나타샤
Like Nastya

40.
키즈
다이애나 쇼
Kids Diana Show

영어 노래

41.
코코멜론
동요
Cocomelon – Nursery Rhymes

42.
슈퍼 심플 송
Super Simple Songs - Kids Songs

43.

노래하는
바다코끼리

The Singing Walrus

44.

블리피
키즈 송

Blippi - Kids Songs

45.

피니 더 샤크

Finny The Shark

영어책 낭독
(오디오북, 비디오북)

46.

어니스 하우스
스토리타임

StoryTime at Awnie's House

47.

키드타임
스토리타임

KidTimeStoryTime

48.

더 스토리타임
패밀리

The Story Time Family

49.

만화영화로
만든 어린이 책

Animated Children's Books

50.

슈퍼 심플
스토리타임

Super Simple Storytime

01.

Everybody Poos

Taro Gomi

02.

Press Here

Hervé Tullet

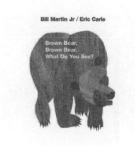

03.

Brown bear, Brown bear, what do you see?

Eric Carle

04.

Go Away, Big Green Monster!

Ed Emberley

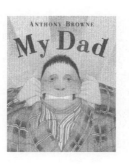

05.

My Dad

Anthony Browne

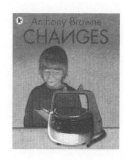

06.

Changes

Anthony Browne

07.

Pat The Bunny

Dorothy Kunhardt

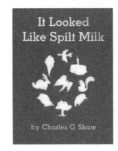

08.

It Looked Like Spilt Milk

Charles G. Shaw

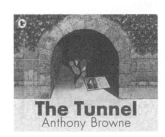

09.

The Tunnel

Anthony Browne

10.

Go away Mr. Wolf!

Mathew Price

11.

From Head to Toe

Eric Carle

12.

We're Going on a Bear hunt

Helen Oxenbury

13.

Look What I've Got!

Anthony Browne

14.

That's Disgusting!

Pittau, Gervais

15.

Lost And Found

Oliver Jeffers

16.

Can You Keep a Secret?

Pamela Allen

17.

I Want My Hat Back

Jon Klassen

18.

Good Night, I Love You

Caroline Jayne Church

19.

The Very Hungry Caterpillar

Eric Carle

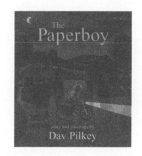

20.

The Paperboy

Dav Pilkey

21.

Today Is Monday

Eric Carle

22.

The Way Back Home

Oliver Jeffers

23.

How Do You Feel?

Anthony Browne

24.

My Friends Make Me Happy!

Jan Thomas

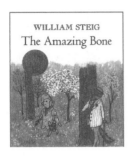

25.

The Amazing Bone

William Steig

26.

What's The Time Mr. Wolf?

Annie Kubler

27.

My Toothbrush Is Missing

Jan Thomas

28.

Don't Let The Pigeon Drive The Bus!

Mo Willems

29.

David Goes to School

David Shannon

30.

Pete's a Pizza

William Steig

31.

Piggy Book

Anthony Browne

32.

Hooray for Fish!

Lucy Cousins

33.

Someday

Alison McGhee

34.

The Secret Birthday Message

Eric Carle

35.

Sam&Dave Dig a Hole

Mac Barnett

36.

Nighty Night,
Little Green Monster

Ed Emberley

37.

Willy And The Cloud

Anthony Browne

38.

Knuffle Bunny

Mo Willems

39.

Dear Zoo

Rod Campbell

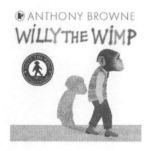

40.

Willy the wimp

Anthony Browne

41.

Please Mr. Panda

Steve Antony

42.

Triangle

Mac Barnett

43.

You Are Not Small

Anna Kang

44.

One Fine Day

Nonny Hogrogian

45.

A Chair For My Mother

Vera B. Williams

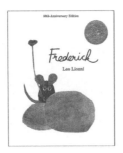

46.

Frederick

Leo Lionni

47.

Ketchup on Your Cornflakes?

Nick Sharratt

48.

The Stray Dog

Marc Simont

49.

Prince Cinders

Babette Cole

50.

The Finger Circus Game

Hervé Tullet

초등 사이트 워드 200

1단계

a	and	away	big	blue
can	come	down	find	for
funny	go	help	here	I
in	is	it	jump	little
look	make	me	my	not
one	play	red	run	said
see	the	three	to	two
up	we	where	yellow	you
all	am	are	at	ate
be	black	brown	but	came
did	do	eat	four	get
good	have	he	into	like
must	new	no	now	on
our	out	please	pretty	ran
ride	saw	say	she	so
soon	that	there	they	this
too	under	want	was	well
went	what	white	who	will
with	yes	after	again	an
any	as	ask	by	could

※ 무슨 뜻의 단어일까요? 해석은 뒷장에 있어요!

초등 사이트 워드 200

1단계 뜻 찾아보기

하나의	그리고	~로부터 떨어진	큰	파란색
할 수 있다	오다	아래로	찾다	~를 위하여
재미있는	가다	돕다	여기	나는
~의 안에	~이다	그것	점프하다	작은
보다	만들다	나를	나의	~이 아닌
하나(1)	놀다, 연주하다	빨간색	달리다	말했다
보다	그(것)	셋(3)	~에게	둘(2)
~의 위에	우리는	어디에	노란색	너는, 너를
모든	~이다	~이다	~에	먹었다
~이다	검은색	갈색	그러나	왔다
했다	하다	먹다	넷(4)	얻다
좋은	가지다	그는	~ 안으로	좋아하다
~해야 한다	새로운	아니오	지금	~의 위에
우리의	~의 밖에	제발	예쁜	달렸다
타다	보았다	말하다	그녀는	그래서
곧	저	거기	그들은	이것
너무	~의 아래에	원하다	~였다	잘
갔다	무엇	흰색	누구	~할 것이다
~와 함께	네	~의 뒤에	다시	하나의
어떤	~처럼	묻다	~에 의해	할 수 있었다

초등 사이트 워드 200

2단계

every	fly	from	give	going
had	has	her	him	his
how	just	know	let	live
may	of	old	once	open
over	put	round	some	stop
take	thank	them	then	think
walk	were	when	always	around
because	been	before	best	both
buy	call	cold	does	don't
fast	first	five	found	gave
goes	green	its	made	many
off	or	pull	read	right
sing	sit	sleep	tell	their
these	those	upon	us	use
very	wash	which	why	wish
work	would	write	your	about
bring	cut	done	eight	fall
full	got	hot	if	keep
long	never	only	pick	six
small	start	ten	try	warm

※ 무슨 뜻의 단어일까요? 해석은 뒷장에 있어요!

초등 사이트 워드 200

모든	날다	~로부터	주다	떠나기, 출발
가졌다	가지다	그녀의	그를	그의
어떻게	오직	알다	~ 하게 하다	살다
~일 것이다	~의	늙은	한 번	열다
~를 넘어	놓다, 두다	둥근	어떤, 약간의	멈추다
가지다	감사하다	그들을	그 때	생각하다
걷다	~였다	언제	항상	~ 주변의
왜냐하면	~이었다	~ 전에	최고의	양쪽의
사다	전화하다	추운	하다	~하지 않다
빠른	첫 번째의	다섯(5)	찾았다	주었다
가다	초록색	그것의	만들었다	많은
~에서 벗어나	~ 또는	밀다	읽다	오른쪽
노래하다	앉다	자다	말하다	그들의
이것들	저것들	~의 위에	우리를	사용하다
매우	씻다	어떤 것	왜	바라다
일하다	~였을 것이다	흰 색	너의	~에 관하여
가지고 오다	자르다	끝난	여덟(8)	떨어지다
가득 찬	가졌다	뜨거운	만약에	지키다
긴	절대 ~아니다	하나의	고르다	여섯(6)
짧은	시작하다	열(10)	시도하다	따뜻한